兰
竹
菊

数学小侦探 5

密室逃脱计划

杨嘉慧 著
刘俊良 绘

中国科学技术大学出版社

人物介绍

副警长：

TOP警局新任副警长——郝美丽，才貌双全、十分机智，是总局派来协助警长的好帮手，也是警局内的万人迷。

警长：

TOP警局的警长，数学奇差无比，总是以直觉思考问题，加上对于美食与玩乐没有抵抗力，常常因此让案情陷入胶着状态。

目次

山贼餐厅老板：

山贼餐厅老板请警员们到森林小屋查案，一群人没想到却反被困在屋内。山贼餐厅老板拿出救命纸条，大家能顺利脱逃吗？

HOW博士：

TOP警局的顾问，博学多闻，总是能以清晰的推理与丰富的数学知识，帮助警长厘清案情，找出真正的犯人。

寻找老婆大人

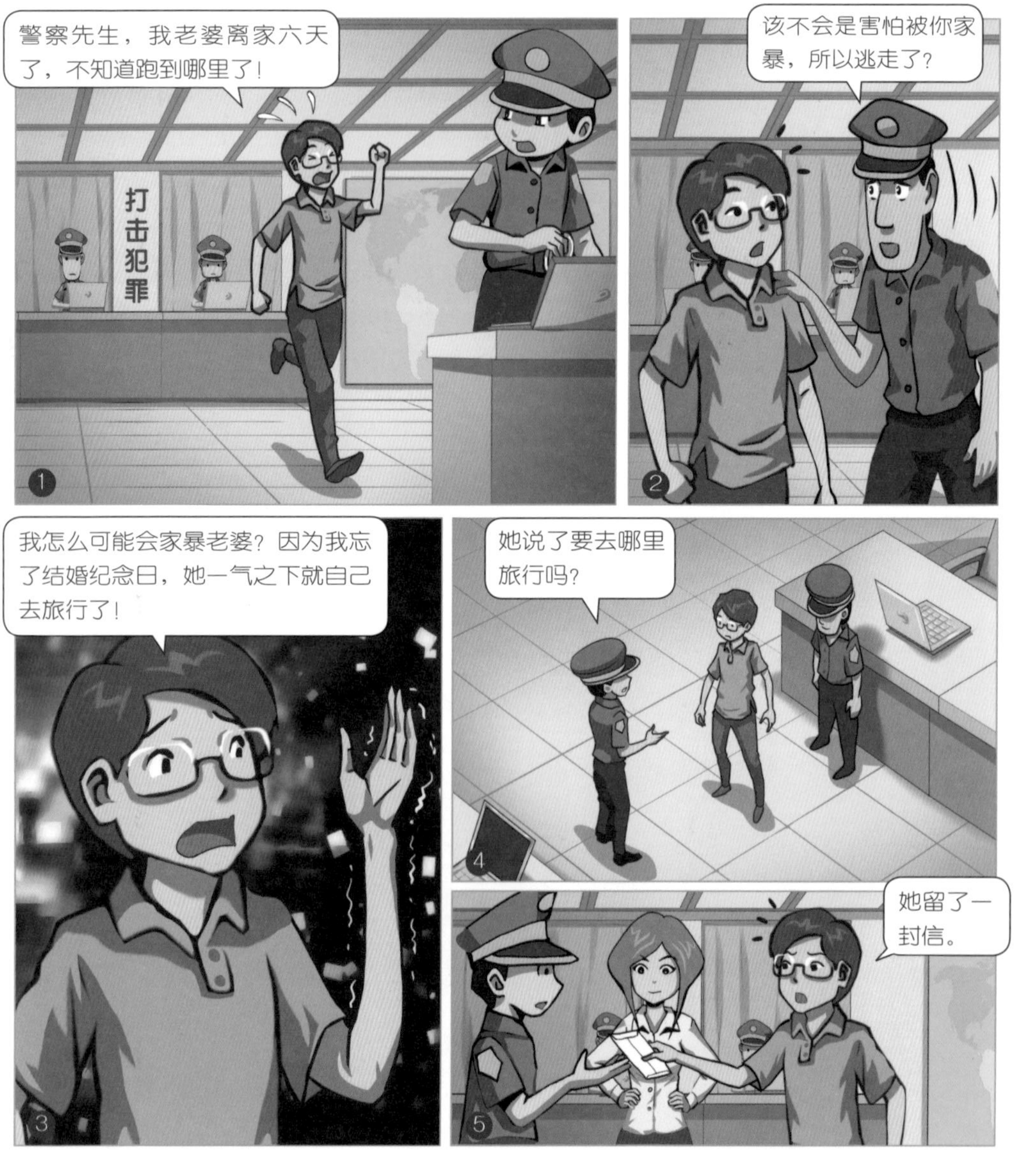
警察先生，我老婆离家六天了，不知道跑到哪里了！
打击犯罪
该不会是害怕被你家暴，所以逃走了？
我怎么可能会家暴老婆？因为我忘了结婚纪念日，她一气之下就自己去旅行了！
她说了要去哪里旅行吗？
她留了一封信。

老公：
一星期后来接我回家，如果你没有来，我就会非常伤心！
解出以下算式，就能找到我。题目是：
求1除以998001的商，以及小数点后第1561、1562、1563位数字。
这三个数字的意义，应该只有你们夫妻知道。不过，得先知道是哪三个数字。
找程序设计师写程序，用电脑算答案吧。
打击犯罪
只剩不到一天的时间，来不及啦！
有一周的时间，你却拖到最后才来求救。
不需要请程序设计师，1除以998001的商是循环小数，可以计算出来。
循环小数就是小数部分，从某一位数字之后，不断重复出现同一组数字，而这一组数字被称为“循环节”。

循环节长达2997个数

一位太太离家旅游，留下线索让丈夫猜去向。要丈夫七天内解出答案，现在已经过了六天，丈夫还没解出答案，而HOW博士似乎给了他一线希望。

太棒了！算1除以998001的商，知道小数点后有哪几个数字重复出现，就能推出答案了。
13
可是1除以998001的商，循环节长达2997个数字！
那么多，要算到什么时候！
14
别担心，我背得出小数点后面的所有数字，因为它是有规律的。
15

① 1÷81=0.01234567901…

请问小数点后第一位至第八位数字，有什么规律?

② 1÷9801=0.000102030405060708091011121314151617…

请将1÷9801小数点后的数字两两一组圈起来，并观察前、后组数字，它们有什么关系?

③ 1÷998001=0.000001002003004005006007008009010011012013…

请观察小数点后面的数字，有什么规律?

1÷998001=1÷999²=
0.000001002003004005006007008009010011012013…
你们可以上网查答案，看我背的对不对。
16
将每三个数看成一组，整理成表格，就清楚了。
组数 | 每组数字 | 每组数字对应哪几个小数位数
一 | 000 | 1、2、3（3=1×3）
二 | 001 | 4、5、6（6=2×3）
三 | 002 | 7、8、9（9=3×3）
四 | 003 | 10、11、12（12=4×3）
将某组的数字乘以3，就能得知这组数字所在的小数位数。
每一组数字，也会比所在的组数少1！例如第六组的数字是005。
17
这样算下去，小数位数为1561、1562、1563的数字应该是多少？
18
1563是3的倍数，所以这三个位数刚好是同一组数。
19
1563÷3=521，在第521组，所以该组数字是520。
打击犯罪
20
520就是我爱你的意思，那是我们蜜月旅行住的房间号，我知道她在哪了。谢谢你们！老婆，我来了！
21
今天解决数学案件好顺利！好像和平常不一样。
因为警长今天休假啊。
22

告诉你更多

运算表格中出现的81、9801、998001，分别是9、99、999的平方数。

以它们做分母，循环节会出现有趣的现象。

(1) $1\div9^2$=0.012345679012345679 0…循环节由0至9，独缺8。

(2) $1\div99^2$=0.000102…9697990001…循环节由00至99，独缺98。

(3) $1\div999^2$=0.000001002003…996997999000001…循环节由000至999，独缺998。

继续算下去，还会发现：$1\div9999^2$的循环节独缺9998；$1\div99999^2$的循环节独缺99998。

这些分数除了$1\div9^2$，循环节只缺8，其余分数的循环节都缺一个98，因此它们被称为“缺98数”。

解答：①小数点后前八位数字为01234567，数字逐渐递增。 ②后一组数字比前一组数字大1。③请见漫画内文。

警长遇刺了？

TOP警局今天的例行性考试取消。
因为我们收到警长遇刺的消息。目前警长还在昏迷中。
天啊！怎么可能？
可惜啊！警长现在没法指认犯人了。
虽然他傻傻的，又很小气，但还算是不错的长官。
别废话了，赶紧破案，才能早日捉拿犯人。
负责此案的警员说，找到一名目击证人和两名嫌疑犯，他们分别是小强和阿道。
有目击证人在10:25看到警长倒垃圾，10:42发现他在家中遇刺。
10:25
10:42

嫌疑犯的信息我整理在笔记本里。
阿道家至警长家：
去程上坡，需15分钟；
返程下坡，需5分钟。
5分钟
小强家
5分钟
15分钟
警长家
15分钟
阿道家
小强家至警长家：
去程下坡，需5分钟；
返程上坡，需15分钟。
根据通话记录，这段时间内，小强和阿道都曾使用自家室内电话，每通电话大约10秒。
通话记录
小强：10:10、10:32、10:50
阿道：10:12、10:35、10:54
根据以上信息，犯人在10:25～10:42之间行刺。
两人往返警长家，都需要20分钟。
通话记录对破案有什么帮助？
打击犯罪
可以用来计算嫌疑犯打完电话，是否来得及跑到警长家，或判断是否来得及从警长家回自己家打电话。

谁是犯人？

警长遇刺昏迷，警方找到两名嫌疑犯以及一名目击证人，TOP警员根据调查到的信息，认真地思考，推断出谁最有可能是犯人。

从证据看来，两名嫌疑犯都不可能在打完第二通电话后作案。
为什么？
我知道！第二通和第三通电话相差时间不到20分钟，嫌疑犯来不及在两地往返。
打击犯罪
12
13
14

① 不考虑每一通电话所持续的具体时间，小强和阿道各打了三通电话，每一通电话与上一通电话间隔几分钟？

② 如果小强打完第一通电话后，马上到警长家，抵达时间是几点几分？10:25还有证人见到警长，如果小强10:25从警长家回家，他来得及打第二通电话吗？

③ 如果阿道打完第一通电话后，马上赶到警长家，抵达时间是几点几分？如果阿道立刻回家，他还来得及打第二通电话吗？

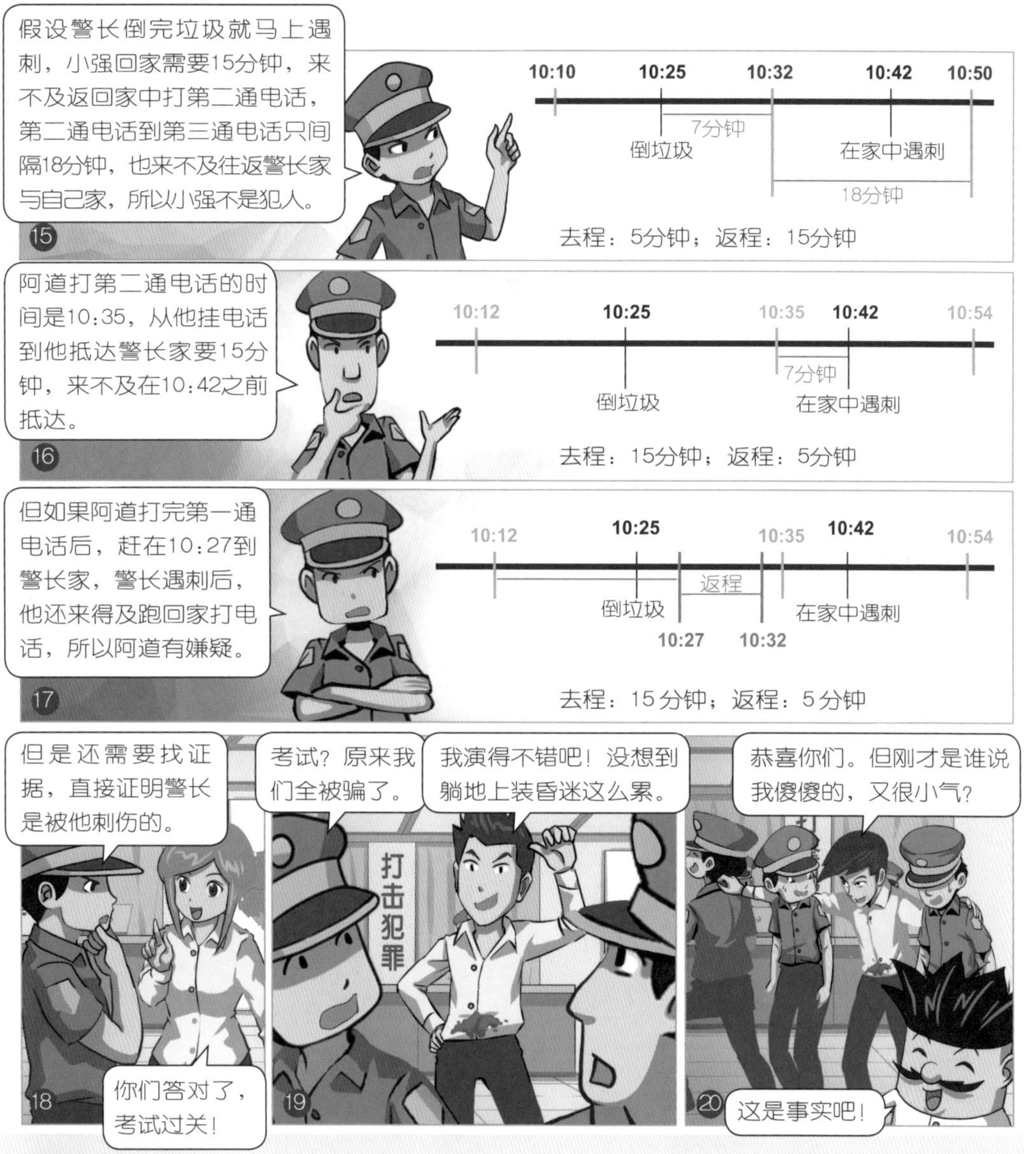
假设警长倒完垃圾就马上遇刺，小强回家需要15分钟，来不及返回家中打第二通电话，第二通电话到第三通电话只间隔18分钟，也来不及往返警长家与自己家，所以小强不是犯人。
10:10
10:25
10:32
10:42
10:50
7分钟
倒垃圾
在家中遇刺
18分钟
去程：5分钟；返程：15分钟
15
阿道打第二通电话的时间是10:35，从他挂电话到他抵达警长家要15分钟，来不及在10:42之前抵达。
10:12
10:25
10:35
10:42
10:54
7分钟
倒垃圾
在家中遇刺
去程：15分钟；返程：5分钟
16
但如果阿道打完第一通电话后，赶在10:27到警长家，警长遇刺后，他还来得及跑回家打电话，所以阿道有嫌疑。
10:12
10:25
10:35
10:42
10:54
返程
倒垃圾
在家中遇刺
10:27
10:32
去程：15 分钟；返程：5 分钟
17
但是还需要找证据，直接证明警长是被他刺伤的。
你们答对了，考试过关！
18
考试？原来我们全被骗了。
我演得不错吧！没想到躺地上装昏迷这么累。
打击犯罪
19
恭喜你们。但刚才是谁说我傻傻的，又很小气？
这是事实吧！
20

告诉你更多

本次题目的线索，几乎都与时间有关。要让零散的信息变得有用，可以引进坐标轴的概念，将时间点一一标在数轴上，越往右，发生的时间越晚，反之则越早。之后，再计算时间差，便能找出最可疑的人。

答案：①小强：22分钟、18分钟；阿道：23分钟、19分钟。②10:15，来不及。③10:27，来得及。

黑客追追追

各位到度假小屋，不是为了玩，而是要与这位美国警探合作抓一名黑客。
和外国人一起办案！
但是我不会说英语……
你好吗？
哇！中文不错呀！
I'm fine.（我很好。）
Not good. I am very hungry.（不好。我很饿。）
警长想开溜出去玩吧！
好了，进入正题。根据情报，这名黑客将参加下周黑稻集团举办的宴会。

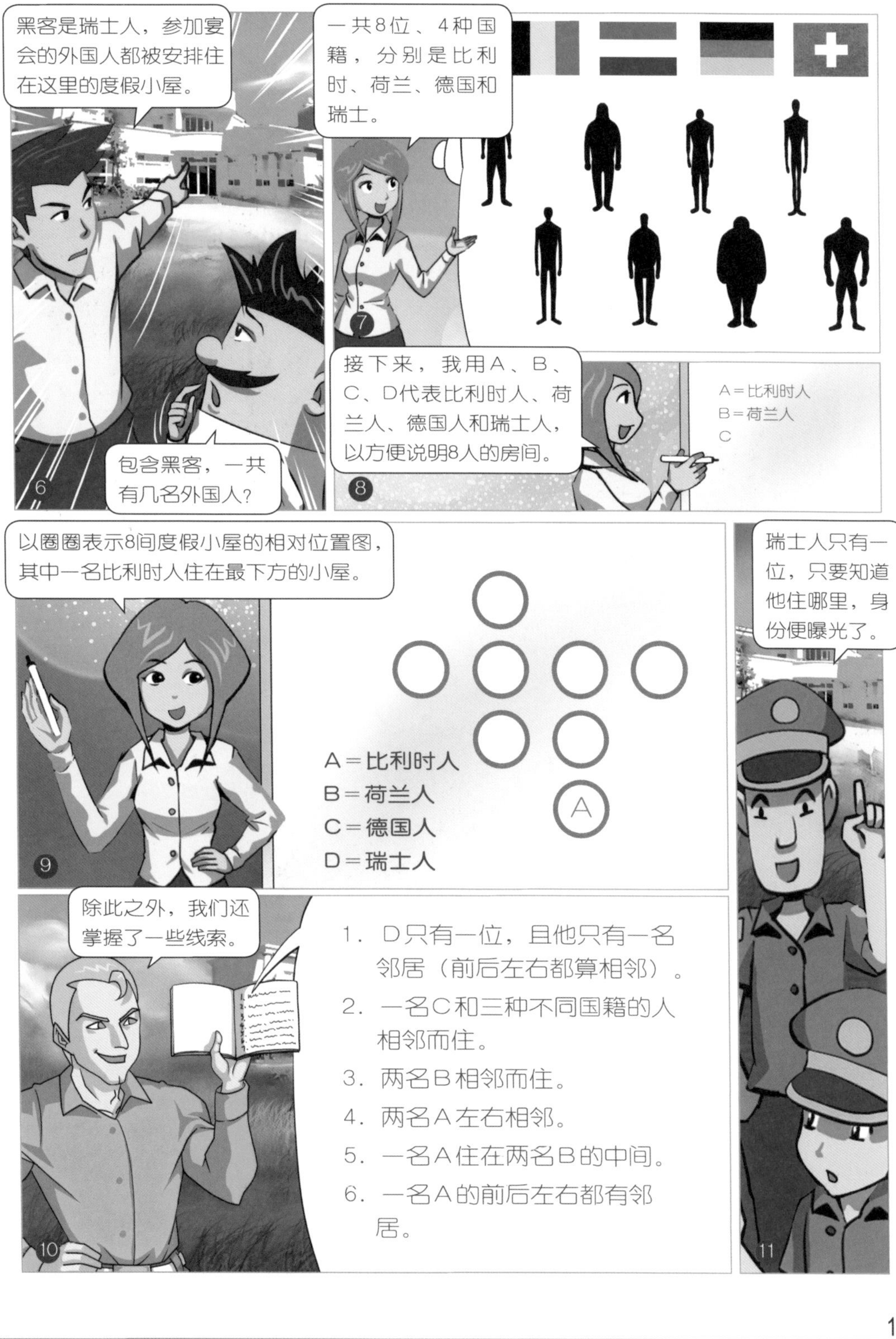
黑客是瑞士人，参加宴会的外国人都被安排住在这里的度假小屋。
包含黑客，一共有几名外国人？
一共8位、4种国籍，分别是比利时、荷兰、德国和瑞士。
接下来，我用A、B、C、D代表比利时人、荷兰人、德国人和瑞士人，以方便说明8人的房间。
A＝比利时人
B＝荷兰人
C
以圈圈表示8间度假小屋的相对位置图，其中一名比利时人住在最下方的小屋。
A
A＝比利时人
B＝荷兰人
C＝德国人
D＝瑞士人
瑞士人只有一位，只要知道他住哪里，身份便曝光了。
除此之外，我们还掌握了一些线索。
1. D只有一位，且他只有一名邻居（前后左右都算相邻）。
2. 一名C和三种不同国籍的人相邻而住。
3. 两名B相邻而住。
4. 两名A左右相邻。
5. 一名A住在两名B的中间。
6. 一名A的前后左右都有邻居。

黑客住在哪里？

TOP警员和美国警探一同办案，找出瑞士籍黑客。黑客将参加黑稻集团的宴会，并与一群外国人住在度假小屋，他将被安排入住哪一间小屋呢？

先分析每间小屋的邻居数，便能推出这几个外国人分别住在哪里了！

这样就能破案？

① 请将每间小屋的邻居数填进圆圈中。

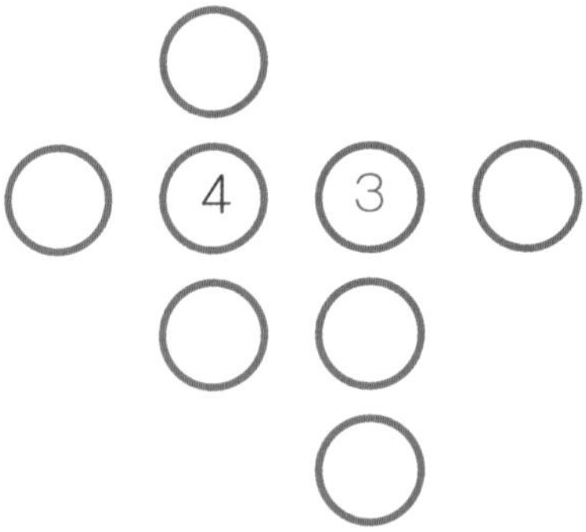
4
3

② 根据“一名A的前后左右都有邻居”，这名A应该住哪一间？

③ D的邻居是哪一国人？

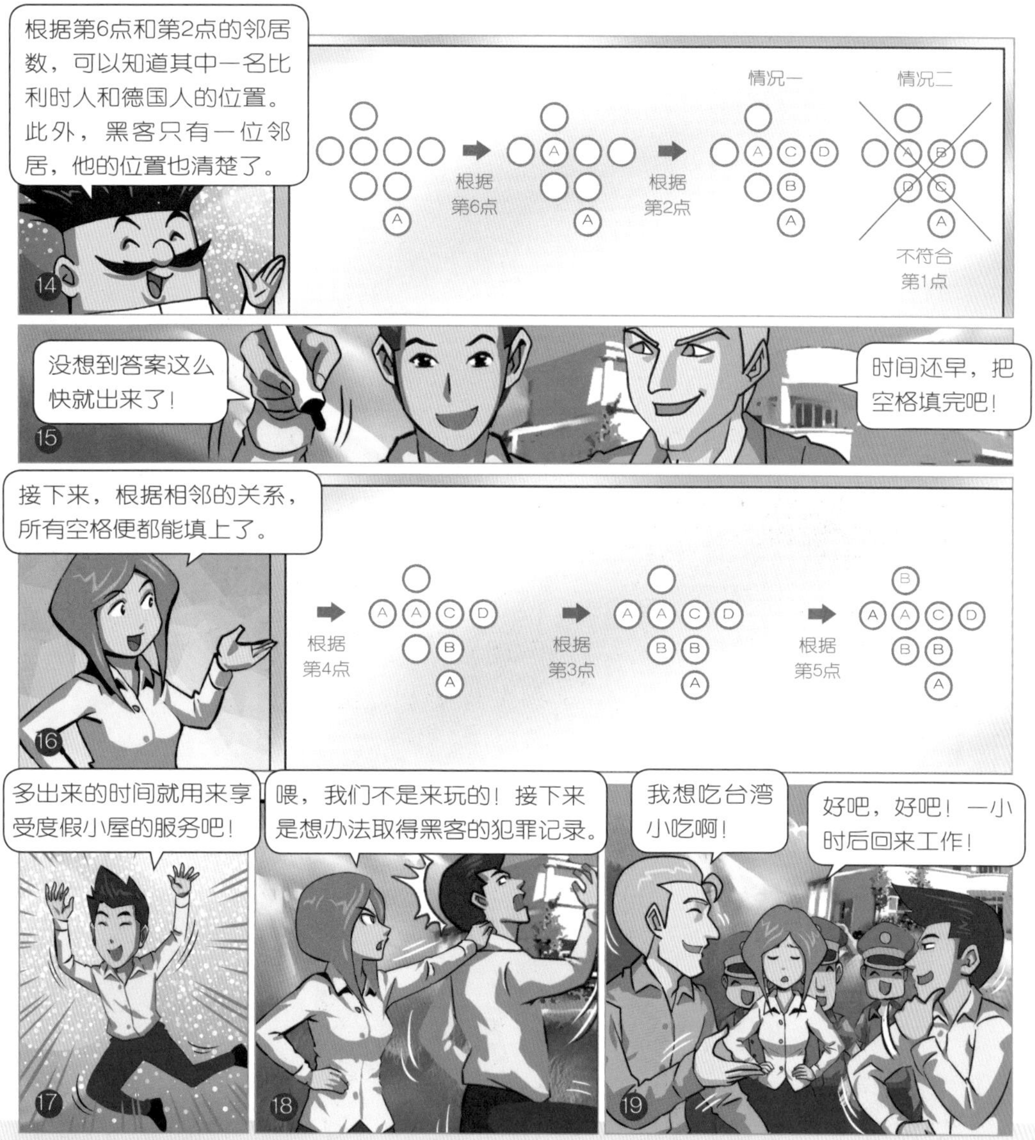
根据第6点和第2点的邻居数，可以知道其中一名比利时人和德国人的位置。此外，黑客只有一位邻居，他的位置也清楚了。
根据第6点
根据第2点
情况一
情况二
不符合第1点
A
B
C
D
14
没想到答案这么快就出来了！
时间还早，把空格填完吧！
15
接下来，根据相邻的关系，所有空格便都能填上了。
根据第4点
根据第3点
根据第5点
16
多出来的时间就用来享受度假小屋的服务吧！
喂，我们不是来玩的！接下来是想办法取得黑客的犯罪记录。
我想吃台湾小吃啊！
好吧，好吧！一小时后回来工作！
17
18
19

告诉你更多

玩这类游戏，可以先对已知条件进行分析再作答。例如，此次的信息可分成两类：一类是邻居数（第1、2、6点），另一类是邻居之间的位置关系（第3、4、5点）。由于度假小屋的邻居数不尽相同，先从邻居数入手解题，便能得出答案。

解答：①

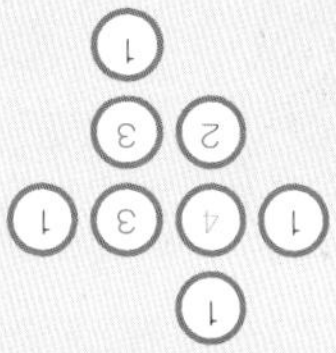
1
3
2
1
3
4
1
1

②住在有4个邻居的小屋。 ③德国人。

上司下达的新任务

警探早!
上个案子已经告破，你怎么还没回美国？
上飞机之前，上司特朗普发来了新任务，但是内容怪怪的，想请博士帮忙看看。
Sorry（对不起），这个忙可不能帮，要是看到美国国家机密，小命不保。
我的上司，只是名字发音一样，不是前美国总统啦。
题目在这儿……
竟然强迫中奖。

08:57
川噗
我的俄罗斯好友最喜欢解谜了。
1. 请写出1个由3个相同数字组成的三位数*A*；
2. *A*减去任一个三位数*B*，使答案成为一个三位数*C*；
3. *C*再减去任一个三位数*D*，使答案成为一个三位数*E*；
4. 将*B*、*D*和*E*由左至右排成九位数*F*。
*F*一定会被哪两个大于2的质数整除？
（提示：质数是大于1的整数，除了1和自己以外，质数不能被其他任何数整除。）
解完登录以下网址：https://www.top945*.com/sogood**
OKAY!
哇！上司是美女哦！
她是台湾人？还是香港人？
那不是重点啦！
要输入密码才能登录信息附的网址，否则根本进不去。
我猜两个质数就是密码。
但……每个人想的三位数都不同，解出来的质数肯定也不同。
能整除九位数的质数，也不可能只有两个吧？
求质数没有公式可用，一个一个找，太困难了！

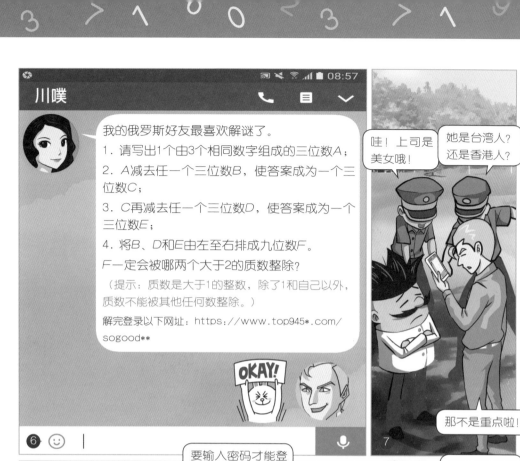

新任务不简单

美国警探收到上司特朗普发来的短信，内容奇怪又不完整，HOW博士猜想，只要能解出数学题，便能看到完整内容。

不管选什么数字，最后都可以被两个相同的质数整除。
12

那就请大家动手算几个九位数，看看共同质数是什么。
13

① 依题意，假设A、B、D三个数分别是

$A=666$

$B=439$

$D=114$

请算出最后的九位数为多少。

② 承上题，10以内的质数，哪一个能整除求出来的九位数？

③ 承上题，请按照漫画中的条件，另外再设三个数，最后的九位数可以被第二题求出来的质数整除吗？

大家算出来的九位数如下：
A=777
B=431
D=246
777−431=346
346−246=100
F=431246100
A=333
B=101
D=124
333−101=232
232−124=108
F=101124108
A=888
B=168
D=520
888−168=720
720−520=200
F=168520200
14
每个数都能被3整除，但另一个是……
另一个要靠四则运算。
15
F=1000000×B+1000×D+E
=1000000×(A−C)+1000×(C−E)+E
=1000000×A−1000000×C+1000×C−1000×E+E
=1000000×A−999000×C−999×E (1)
假设A=111×a，代入式(1)，得
F=1000000×111×a−999000×C−999×E
=111×a×1000000−111×9×1000×C−111×9×E
=111×(1000000×a−9×1000×C−9×E)
=3×37×(1000000×a−9×1000×C−9×E)
所以此九位数必定被3和37整除。
16
太好了，顺利进入网页……
我也要看新任务！
17
不行！
18
原来她不是你上司，是女朋友请你带台湾特产回美国啊！
19

告诉你更多

漫画中的题目是利用四则运算事先设计过的，只要按题意，代入A、B、C、D、E，便能揭出其中奥秘。有些读心术游戏也是如此设计，例如猜年龄游戏。这类游戏步骤可能如下：从1～9中任选一个数字x，将它乘以2之后加5，其结果乘以50后，再加1768，减去出生年y。最后请对方说出算出来的三位数数字。该数的百位数数字正是一开始挑选的数字x，后两位则是年龄。

$$(x\times2+5)\times50+1768-y$$
$$=100x+250+1768-y$$
$$=100x+2018-y$$

解答：① 439114113。 ②质数3。 ③可以。

666−439=227

227−114=113

F=439114113

人贩子的末日

宠物店
咖啡厅
快乐路二段
66
请问你看见过这两个人吗?
我们正在寻找这位失踪少女，你这两天看见过她吗?
有，她昨天下午坐在窗台边喝咖啡。3点过后，就没见到她了。
我最后在女厕见到副警长，应该是两点多。
对了，副警长的笔记本掉在这儿了。
进厕所后，不晓得发生了什么事。
也许可以从笔记本中查出副警长的下落。
能提供的线索不多，上面都是数学算式。

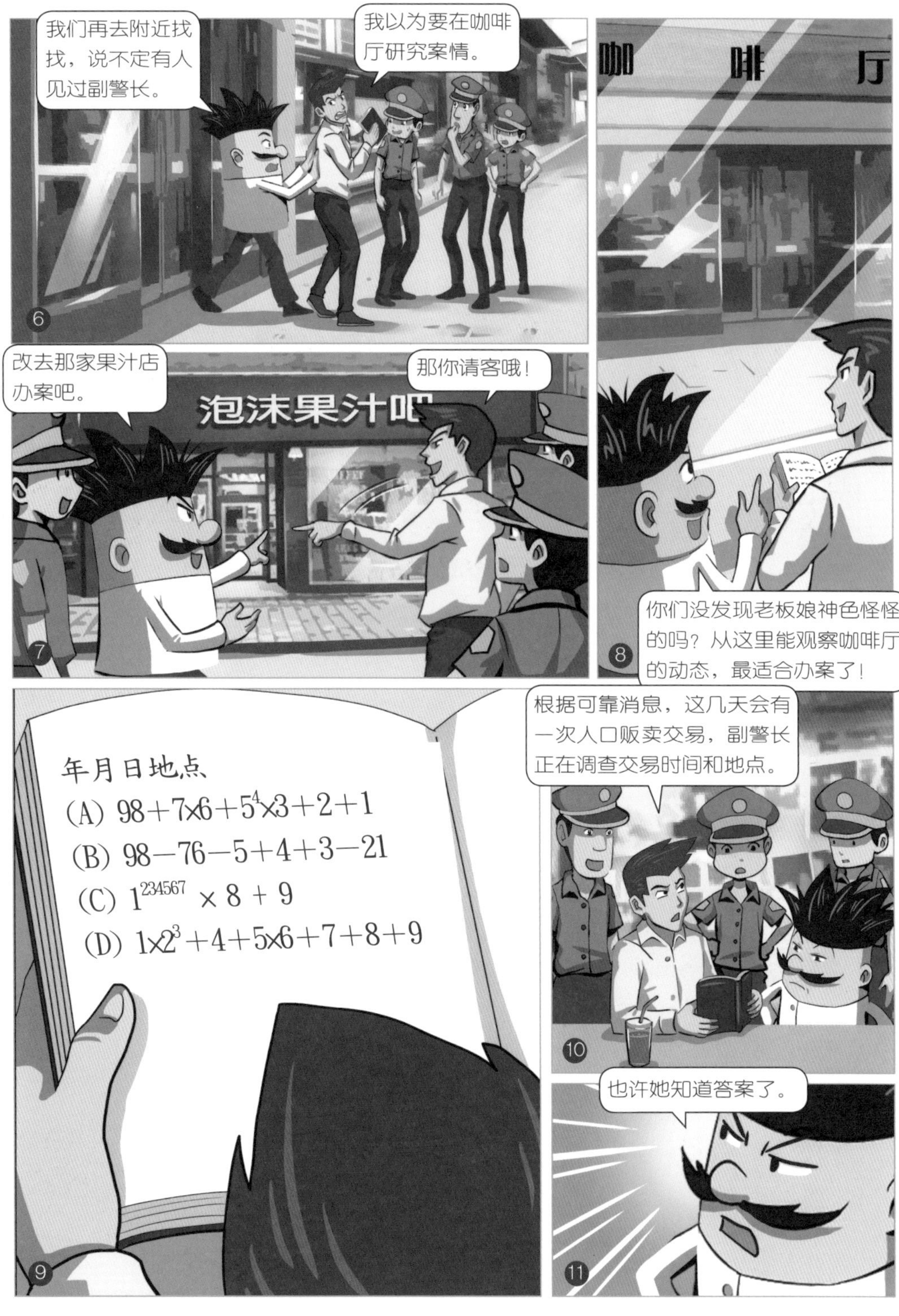
我们再去附近找找，说不定有人见过副警长。
我以为要在咖啡厅研究案情。
咖啡厅
改去那家果汁店办案吧。
泡沫果汁吧
那你请客哦！
你们没发现老板娘神色怪怪的吗？从这里能观察咖啡厅的动态，最适合办案了！
年月日地点、
(A) $98+7\times6+5^4\times3+2+1$
(B) $98-76-5+4+3-21$
(C) $1^{234567}\times8+9$
(D) $1\times2^3+4+5\times6+7+8+9$
根据可靠消息，这几天会有一次人口贩卖交易，副警长正在调查交易时间和地点。
也许她知道答案了。

副警长在哪里？

副警长昨天离开警局，到66号咖啡厅喝咖啡，之后便失踪了。通过副警长留下的笔记本，能查出她在什么地方吗？

算式和中文应该有对应关系，先解出每个式子的答案吧。
12
数字右上角有一个小数字，是什么意思？
13

① 扣除加减乘除符号，式子(A)：$98+7\times6+5^4\times3+2+1$，每一项数字从左写到右为：987654321。
请将其余三个式子的每一项数字，从左写到右。

② 数字a连续乘n次，在数学中，会以a^n表示，n记在a的右上角。例如$5\times5\times5\times5=5^4=625$。
请问1^{234567}、2^3的答案分别是多少？

③ 请计算副警长的笔记中，(A)、(B)、(C)、(D)四个式子的值分别为多少。

这几个式子，解出来的答案是2018、3、17和66。数字顺序应该对应年、月、日、地点。
2018年3月17日，交易时间在后天！
66号咖啡厅的门牌正好是66，地点该不会是咖啡厅吧？
一定是这样，回去调派警力，包围这里。
你利用咖啡厅贩卖少女，我要逮捕你。
你怎么发现的？
副警长被一名警察从店里救出。
女厕有暗门通往地下室，他们通过女厕把落单少女带到地下室。我躲在女厕天花板上面，拍下了整个过程。
多亏笔记本留下的暗语，否则就抓不到坏人了。

告诉你更多

漫画中的四个式子，每一项数字不是从1递增到9，就是从9递减到1。这是巴西数学教授塔涅雅（Inder J. Taneja）做的研究，他通过运算，将数字0到11111分别以数字9～1或1～9的数学式表示。2018、3、17、66还有右边的表示法：

$2018=1\times2\times34+5\times6\times(7\times8+9)$

$3=123-45-6-78+9$

$17=9+87-65+4+3-21$

$66=9+8+7+6+(5+4+3)\times(2+1)$

解答：① (B)：987654321，(C)：123456789，(D)：123456789。 ② 1、8。 ③ (A)=2018，(B)=3，(C)=17，(D)=66。

分秒必争救人质

警察，我儿子被绑架了，快……快……
打击犯罪
你一定要帮帮我……
别着急，慢慢说。
还是我来说吧。绑匪留了封信在公司的信箱，要董事长准备赎金。
打击犯罪
中午之前按照约定准备好10袋赎金，到时候会电话通知放置赎金的地点。拿到钱，你儿子便能回家。
10袋赎金的金额分别是：
4^2、34^2、334^2、3334^2、33334^2
7^2、67^2、667^2、6667^2、66667^2
钱没问题，重要的是一定要救回我儿子。

有没有怀疑的人？
打击犯罪
林姓商人和离职的王姓司机可能是嫌疑犯。
这是嫌疑犯的资料。
林姓商人
年龄：56岁
1548贸易行老板，前几年到越南拓展事业失败，上个月回台湾。
怀疑理由：
1.爱赌博，欠一屁股赌债。
2.跟董事长借钱，没借成。
王姓司机
年龄：60岁
在公司担任司机18年。
怀疑理由：
1.知道人质作息时间。
2.太太生重病，每月开销极大，却被解聘。
现在8点了。
还好，距离中午还有4小时。
这么大的金额，得花时间筹集，之后还要分袋、计算每袋金额，时间根本不够。
其实不用准备钱哦！
博士想到办法了！
耶！

谁是绑匪?

绑匪绑架富商的儿子，并要求赎金分10袋装。冷静的HOW博士告诉大家不需准备赎金，难道他知道绑匪是谁了吗?

金额很大，钱多到袋子根本装不下。
12
博士会心算吗？一下子就算出答案了！
这10组数有很特别的规律，不用算就能知道答案。
打击犯罪
13

数a连续乘2次，在数学中，会以a^2表示，如$4^2=4\times4$。

① 请计算 4^2、7^2这两个数。

② 请用计算器计算34^2、334^2、3334^2、33334^2、67^2、667^2、6667^2、66667^2。

③ 承上题，求出的结果拿掉最右边的数字，你会发现什么规律?

10袋赎金的金额分别是这样。
$4^2=16$
$34^2=1156$
$334^2=111556$
$3334^2=11115556$
$33334^2=1111155556$
$7^2=49$
$67^2=4489$
$667^2=444889$
$6667^2=44448889$
$66667^2=4444488889$
拿掉最后1个数字，所有数字只剩1、5和4、8。嫌疑犯应该是1548贸易行老板！
他刚回中国，仍习惯以越南货币计算，我想他写的数字应该是以越南币为单位吧。快去救人质！
抓到你了！
嗯~~
到底是哪露馅了？

告诉你更多

数学中，通过加减乘除或进位、再进位……可能会出现有趣的结果。

例如漫画中的4、34、334、7、67、667等，还能这么算：

$4\times3=12$，$7\times3=21$

$34\times3=102$，$334\times3=1002$，$67\times3=201$，$667\times3=2001$

此外，计算以下式子，答案也有规律哦：

$7^2-4^2=$

$67^2-34^2=$

$667^2-334^2=$

$6667^2-3334^2=$

$66667^2-33334^2=$

解答：

①②③ 请见漫画内文。

告诉你更多：

$7^2-4^2=33$

$67^2-34^2=3333$

$667^2-334^2=333333$

$6667^2-3334^2=33333333$

$66667^2-33334^2=3333333333$

邮轮事件

邮轮船长晕倒在储藏室，所幸船已靠岸，医护人员及时赶到。
我记得船长把密码写在纸上了。
大副，你为什么开船长的保险柜？
我……我要拿船长看医生需要用的证件，船长跟我说过密码，不过我忘了。
不会吧。万一密码纸弄丢，里面的东西就可能被偷走！
放心啦，纸上写的是数学题，解出答案才知道密码。
你的手怎么破了？
跌倒造成的，早晨刮大风，船身摇晃，没站稳。

介意我们四处看看吗？
没问题。
这是休闲室。
这里是厨房，船上的食物都是在这里烹饪的。
楼下最大的房间就是船长的。
大家仔细看一看，说不定能找到含有密码的题。
数字A加上11，可以被11整除；数字A加上13，可以被13整除；数字A加上17，可以被17整除。数字A最小是多少？

保险柜里的秘密

船长昏迷不醒，大副说船长看病用的证件在保险柜里，但是他忘了密码。HOW博士觉得事有蹊跷，没想到查出案外案。

含有密码的题在船长的房间。
數字A加上11，
可以被11整除；
數字A加上13，
可以被13整除；
數字A加上17，
可以被17整除。
數字A最小是多少？
11
博士找到密码了吗？
有了密码题，就能开保险柜了！
12

① 数字A加上11，可以被11整除，则A是11的倍数吗？

② 承上题，数字A加上13和17后，也能被13和17整除，请问数字A是13和17的倍数吗？

③ 请问，11、13、17有共同的因数吗？（不包含1）

数字A可以被11、13及17整除，所以密码题是求11、13、17的最小公倍数。
13
11、13、17都是质数，没有共同的因数，三个数相乘，就是最小公倍数，密码是2431。
14
1 | 11 13 17
11 13 17
三个数两两互质，没有共同因数。
最小公倍数为三个数的乘积：
11×13×17=2431
对了，证件好像在船长皮包里，不用开保险箱了。
看你慌慌张张的样子，保险柜里肯定藏着秘密。
15
船长是你打晕的吧！一般跌倒，很少造成手背受伤。
其他游客也说早上船身没有猛烈摇晃。
16
果然没错，保险柜里有大副贩毒的照片。
17
船长是我打晕的，本来想趁他昏迷时拿走照片，没想到人算不如天算。
18

告诉你更多

最小公倍数的应用相当常见，像中文说“一甲子”等于60年，便是用到最小公倍数的概念。传统用“天干地支”计年，“甲、乙、丙、丁、戊、己、庚、辛、壬、癸”为十天干；“子、丑、寅、卯、辰、巳、午、未、申、酉、戌、亥”为十二地支。两者按“阳干配阳支，阴干配阴支”的原则（奇为阳，偶为阴）可以有60组搭配，60便是10、12的最小公倍数。

解答：① 是。 ② 是。 ③ 没有。

山贼餐厅的味道

警察大人，你们不是来抓我的吧？我虽然当过山贼，不过已经改邪归正了！
哈哈，我们只是来吃饭的！
山贼餐厅
那我就放心了！
这是本店的招牌“山贼菜”，里面有山鸡、山猪肉和桂竹笋，全是高山的特产！
这位警官，你在上社交网站吗？我这型男很乐意让你拍一张照，传到网上分享！
这老板话多又很自恋啊……
对了，昨晚有一名独眼客人来吃宵夜，他好像和新闻报导的银楼抢劫案有关。

怎么说？
离开时，他掉了一张纸条，我觉得事有蹊跷，便收了起来。
白、黄、蓝、红分别藏在四个名为梅、兰、竹、菊的保险柜里，并且每个保险柜只有一样东西。以下四组资料中，每一组有一条信息错误、一条信息正确。解出后，即可知道东西存放的位置。
甲组：黄放竹，白放菊。
乙组：蓝放菊，白放梅。
丙组：白放兰，红放菊。
丁组：蓝放兰，白放竹。
★黄放竹：指黄放在竹保险柜，其他依此类推。
你怎么认定这和银楼抢劫案有关？
我当过山贼，文字上的白、黄、蓝、红是黑话，指的就是钻石、黄金、蓝宝石和红宝石。
银楼抢劫案中被盗走的正是这些东西。
我对这一带环境很熟，头像代表山贼餐厅，辐射标志是森林里的小屋，保险柜肯定放在里面。

山贼老板破抢劫案

警察们到山贼餐厅吃饭，意外发现型男老板有银楼抢劫案的线索。纸条上画了一张地图和几条真假难辨的文字信息，这会是破案的关键吗？

我觉得自己可以改行当侦探了，不过就差一步，上面的谜题我解不出来。
12
您还是先当好厨师吧，我们还要加点菜。
13
判断真假信息不难，先假设某一项的叙述是正确的。
14

① 假设甲组的“白放菊”正确，“黄放竹”错误，那么“白”就不会放在其他保险柜中，请删除乙、丙、丁三组“白”的信息。

② 承上题，请列出剩余的四组信息。

③ 第②题答案是否出现与条件不相符的结果？

如果一开始假设甲组“白放菊”正确，用消去法能推断出菊保险柜放了三样东西，不符合“每个保险柜只有一样东西”。
15
我们吃完饭就立刻去森林小屋埋伏。
如果假设甲组“黄放竹”正确，同样利用消去法验证。
消去法：删除与假设不符的信息。
甲组：黄放竹；白放菊。
乙组：蓝放菊；白放梅。
丙组：白放兰；红放菊。
丁组：蓝放兰；白放竹。
消去顺序：丁→乙→丙
→每一条信息之间都没有矛盾，假设正确。
16
我知道小屋在哪里，又会开锁，待会儿带你们去。
17
老板，我们的菜呢？
马上、马上……
18
先按兵不动，偷偷跟踪嫌疑犯就能找到同伙。
饭吃不成了……
老板，我昨天掉了一张纸条，有捡到吗？
19
20

告诉你更多

运算表格使用的推导方法，在数学中被称为“反证法”。反证法就是假设“错误信息”正确（漫画中假设“白放菊”正确），并推导出错误的结果（菊保险柜同时有钻石、红宝石、蓝宝石），而由此推论原先假设错误。若一开始假设“正确信息”是对的（“黄放竹”），由于得不出矛盾结果，得一条一条验证信息对错，这在信息组数繁多时，会相当耗时，因此一般多使用反证法证明。例如漫画中的题目只要检查乙组，便能得出与条件不符的结果，之后的丙、丁组完全不需验证。

解答：① 乙组：白放梅、丙组：白放兰、丁组：白放竹。
② 甲组：白放菊、乙组：蓝放菊、丙组：红放菊、丁组：蓝放兰。
③ 是，菊保险柜同时有白、红、蓝。

密室逃脱计划

各位快醒来呀……
山贼餐厅的老板
发生什么事了？
1
梅
兰
竹
想起来了，山贼老板让我们查案，潜进森林小屋后……
应该是谁误触警铃，后来大家都昏倒了。
2
惨了！被锁在密室，对外联络方式又中断了。
3
别慌，我有小抄，我知道怎么出去。
4
找到小抄了！
你的裤子有好多口袋啊。
5

将100颗石头放进TOP礼盒里，使盒内物品的总质量等于100克，并对着礼盒喊“芝麻开门”，便能得救。
附注：
1.每种石头的数目皆不得为0。
2.碎石头只能整袋放，不得拆开。
白石头 3克
黑石头 6克
碎石头
一袋1克，一颗0.1克
6
你怎么会有这个？
嘿嘿！我是装修这间小屋的工作人员之一。
7
TOP礼盒在哪里？
忘了，我只记得礼盒内有机关。
8
TOP
梅
兰
竹
菊
9
找到礼盒了！
TOP
10

芝麻开门

警员们到森林小屋办案，没想到却反被困在屋内。山贼餐厅的老板拿出救命纸条，大家能顺利逃出去吗？

我只能提供线索，答案还得靠你们来解……
11

白石头和黑石头的总质量可能是99、96、93、90、87……
12

① 碎石头每袋1克，每颗0.1克；如果要符合“石头总数等于100”的条件，碎石可以放10袋以上吗？

② 白石头和黑石头的质量都是3的倍数，两者总质量也必为3的倍数。当三者总质量为100克时，请圈出碎石头最有可能的总质量（克）。（多选）

1、2、3、4、5、6、7、8、9（克）

③ 假如白石头放X颗、黑石头Y颗、碎石头Z颗，三者总质量可记为3X＋6Y＋0.1Z（克）。根据第②题圈出来的答案，相对应的X＋Y是多少？相对应的3X＋6Y为多少？

黑、白石头总质量只有99、96、93克三种可能，但是只有93克满足条件。
(1) 3X＋6Y＝99⇒X＝147，Y＝−57
(2) 3X＋6Y＝96⇒X＝88，Y＝−28
(3) 3X＋6Y＝93⇒X＝29，Y＝1
(3)的计算过程：
3X＋6Y＝93⇒0.1Z＝7，Z＝70
⇒X＋2Y＝31……(a)
X＋Y＝30……(b)
计算(a)−(b)，得
Y＝31−30＝1⇒X＝29
(1)、(2)的计算类推。
答案是白石头29颗，黑石头1颗，碎石头70颗。把石头放进礼盒里吧。
啊！要喊“芝麻开门”！
没喊门也开了呀？
哎呀，喊了才有冒险的气氛嘛！
虽然得救，破案线索却没了。
也许歹徒会留下什么蛛丝马迹，大家找找吧。

告诉你更多

这次游戏刻意用数字100代表颗数和质量(克)，意在训练清晰的思路。因为列每一个式子，都要知道式子是计算颗数，还是质量。解答过程中同样要想清楚是颗还是克。如果糊里糊涂没搞清楚，即使最后答案对了，也不理解自己在算什么。

解答：① 不可能，10袋碎石中，共有100颗石头，质量却只有10克，远小于题目需要的100克。
② 1、4、7(克)。
③ 当0.1Z=1(克)时，Z=10(颗)，X+Y=90(颗)，3X+6Y=99(克)；
当0.1Z=4(克)时，Z=40(颗)，X+Y=60(颗)，3X+6Y=96(克)；
当0.1Z=7(克)时，Z=70(颗)，X+Y=30(颗)，3X+6Y=93(克)。

多金老大的黄金屋

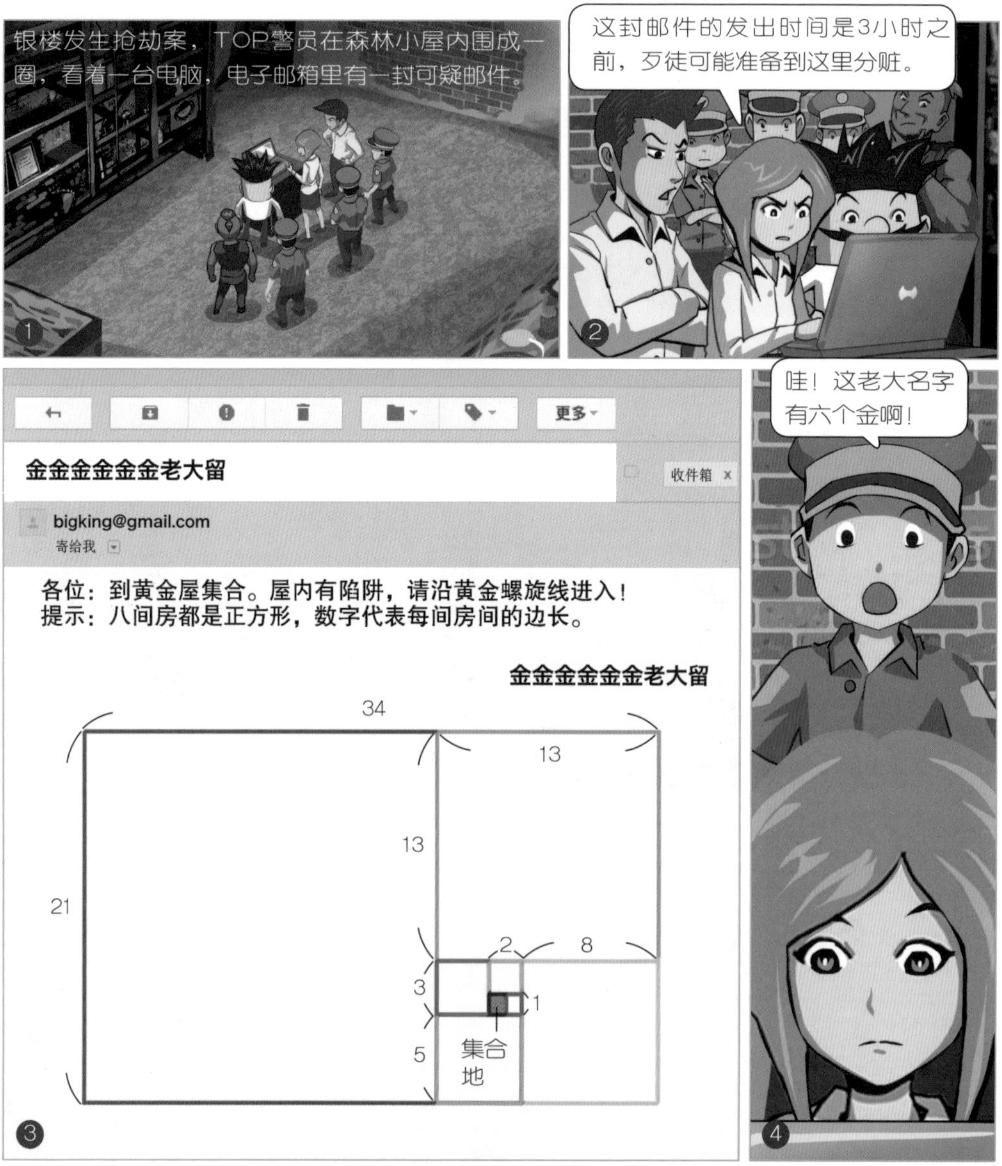
银楼发生抢劫案，TOP警员在森林小屋内围成一圈，看着一台电脑，电子邮箱里有一封可疑邮件。
1
这封邮件的发出时间是3小时之前，歹徒可能准备到这里分赃。
2
更多
金金金金金金老大留
收件箱 x
bigking@gmail.com
寄给我
各位：到黄金屋集合。屋内有陷阱，请沿黄金螺旋线进入！
提示：八间房都是正方形，数字代表每间房间的边长。
金金金金金金老大留
34
13
13
21
2
8
3
1
5
集合地
3
哇！这老大名字有六个金啊！
4

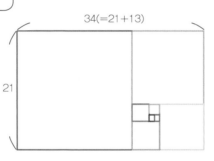

他的本名叫鑫鑫，再加上黄金屋的八间房，就有十四个金了。
“黄金螺旋线”是指镶黄金的螺旋线吗？
可能吧。听说黄金屋的地板画有很多条弧线，但只有一条路径能避开陷阱。
在地板镶黄金太浪费了！这个图是“黄金矩形”，可以根据它画出“黄金螺旋线”。
“黄金矩形”是指长方形的长、宽比约等于1.6，这种比例的矩形看起来最顺眼。
34 : 21 ≈ 1.6
21 : 13 ≈ 1.6
34(=21+13)
21
13
21(=13+8)
我还以为黄金矩形是黄金墙隔出来的房间呢！

寻找黄金螺旋线

警员们通过电子邮件，发现银楼抢劫案的劫匪即将在黄金屋集合。黄金屋有陷阱，警员们能找出黄金螺旋路径，顺利抓到劫匪吗？

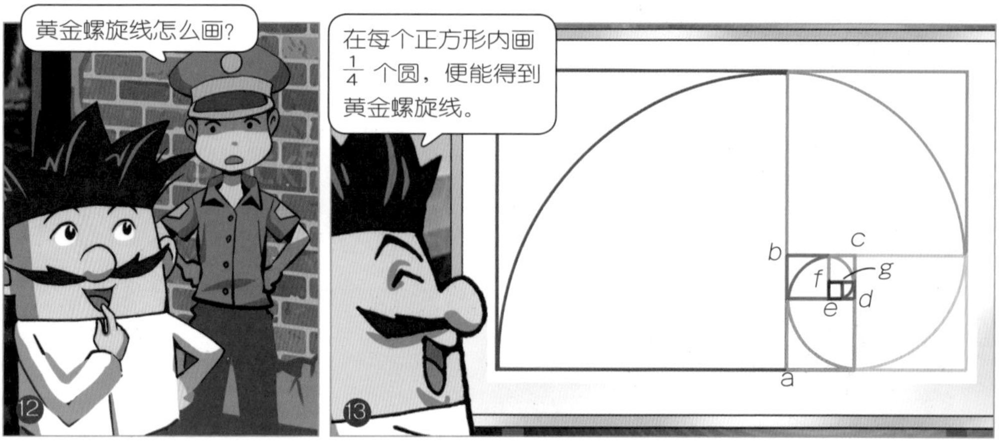
黄金螺旋线怎么画？
12
在每个正方形内画 $\frac{1}{4}$ 个圆，便能得到黄金螺旋线。
a
b
c
d
e
f
g
13

① 图中的数字由小排到大依次是：1、1、2、3、5、8、13、21。请问，这一串数字从第3个数字开始，有什么规律？（提示：与前两个数字有关）

② 计算以下数字，小数点后保留一位：$\frac{3}{2}$、$\frac{5}{3}$、$\frac{8}{5}$、$\frac{13}{8}$、$\frac{21}{13}$、$\frac{34}{21}$。所得的答案最接近下面哪个数字？

（a）1.2　（b）1.6　（c）1.8

③ 从最大的正方形开始，依序以a、b、c、d、e、f、g为圆心，以正方形边长为半径画 $\frac{1}{4}$ 圆，最后会得到下面哪个图案？

(a)

(b)

(c)

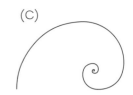

画出来的黄金螺旋线就像是鹦鹉螺的形状。
褐色弧线长≈1.6×蓝色弧线长
蓝色弧线长≈1.6×黄色弧线长
黄金屋离这里不远，各位跟我去破案吧！
怎么感觉你变成警长了。
现在换博士带头，万一误踩陷阱就惨了。
银楼财宝都在这儿，我拿七份，其余的你们分了吧。
站住，别动！你们被包围了。
怎么，怎么会……
嘿嘿，破案了！可以拿破案奖金了。
难怪这么热心帮忙，破案是警员的工作，不会有奖金的。

告诉你更多

严格来说，“黄金矩形”的长宽比为$(1+\sqrt{5})\div 2=1.618\cdots$。

漫画里的矩形只能说比例接近“黄金矩形”，它是用费氏数列里的数字画出来的矩形。费氏数列的前两项为1，自第三项开始，每一项都是前两项之和：

{1，1，2，3，5，8，13，21，34，55，89，…}

该数列的项数越大，其后项与前一项数字比越接近1.618。

解答：① 从第三个数字开始，每个数字都是前两个数字的和。 ② (b)。 ③ (c)。

计划“消肿”的胖警长

欢迎光临！
咦？那位胖子看起来有点眼熟……
是警长啦！银楼抢劫案破案后，村民把警长当成英雄，每天送美食给他吃……
别说破案了……我提供最关键的破案线索，你们却没在媒体前提到我。
别难过，这是在保护你！
对呀！我们是在为你减少麻烦。
可是我超想出名……算了，来看看店里推出的减肥套餐！

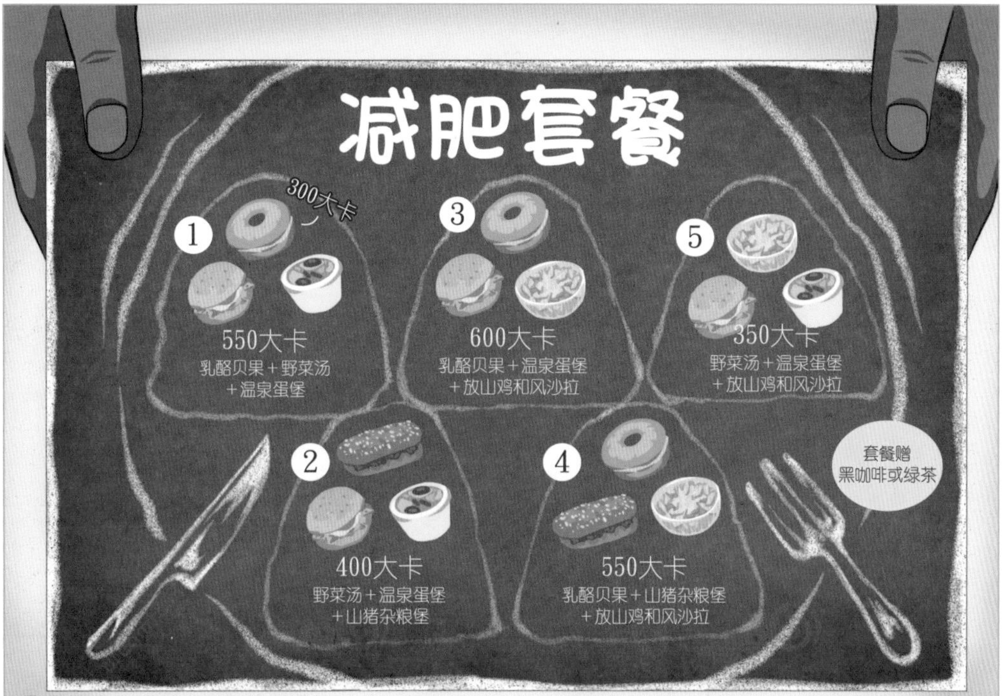
减肥套餐
300大卡
1
550大卡
乳酪贝果＋野菜汤
＋温泉蛋堡
3
600大卡
乳酪贝果＋温泉蛋堡
＋放山鸡和风沙拉
5
350大卡
野菜汤＋温泉蛋堡
＋放山鸡和风沙拉
2
400大卡
野菜汤＋温泉蛋堡
＋山猪杂粮堡
4
550大卡
乳酪贝果＋山猪杂粮堡
＋放山鸡和风沙拉
套餐赠
黑咖啡或绿茶

❻ 注：卡路里（卡）是热量单位，1000卡路里为1大卡。套餐标示的大卡数值，不包含饮料的热量。

我点5号餐。
减肥套餐

⑦

我要单点。我得恢复身材，才能通过下个月的体能测验。哪一种食物热量最低？

⑧

我只知道乳酪贝果的热量。
300大卡
1
550大卡
乳酪贝果＋野菜
＋温泉蛋堡

⑨

那就一个个计算吧。

⑩

单点一份低卡餐

警长计划减肥，恢复身材，希望能顺利通过下个月的体能测验。为了实现目标，他对吃进肚子里的食物得“斤斤计较”。哪一样食物适合他？

怎么计算其他食物的热量？
根据套餐上的大卡数值，可以得出五个式子，再做式子的加减法，便能算出每种食物的热量。
11
12

说明：

(1) 假设A、B、C、D、E分别表示乳酪贝果、野菜汤、温泉蛋堡、山猪杂粮堡、放山鸡和风沙拉这五种食物的热量。根据五种套餐，可以得出右边五个式子：

$A+B+C=550$ …… (1)

$B+C+D=400$ …… (2)

$A+C+E=600$ …… (3)

$A+C+E=550$ …… (4)

$B+D+E=350$ …… (5)

(2) 含有未知数的式子做加减法时，其计算方式与做数字加减一样，式子的左边减左边，右边减右边。例如式子(3)－(1)，可以得出：

$$A+C+E-(A+B+C) = 600-550$$
$$\Rightarrow E-B=50$$

① 请计算式子(1)－(2)、式子(3)－(4)、式子(3)－(5)。

② 承上题，将$A=300$代入上述答案，解出B、D值分别为多少。

③ 承上题，请计算C和E的值。

将五个式子两两做加减法，可以找出A、B、C、D、E之间的关系。
最后得出野菜汤、山猪杂粮堡和放山鸡和风沙拉的热量比较低。
减肥套餐
550大卡
600大卡
350大卡
400大卡
550大卡
喝汤不会饱，吃沙拉容易饿……就单点一份山猪杂粮堡吧。
杂粮堡来喽！
没饮料？
单点不送饮料，但我可以请你喝水。
早知道就点套餐，剩下的当晚餐。
等不到晚餐，下午茶时间就会被你“消灭”了。

告诉你更多

本次游戏已经知道$A=300$。若不知道A值，依旧能解出答案。

在运算表格中，已经得出A、B、C、D、E的关系：

$A-B=250$，$A-D=150$，$C-D=50$，$E-B=50$。

接下来，将未知数B、C转换成与A相关的式子，并代回式子(1)，即可求解。

$B=A-250$，$C=D+50=(A-150)+50=A-100$。

将$B=A-250$，$C=A-100$代人式子(1)，

$A+B+C=A+(A-250)+(A-100)=3A-350=550$

$\Rightarrow 3A=900\Rightarrow A=300$。

解答：① 式子(1)−(2)：$A-D=150$，式子(3)−(4)：$C-D=50$，式子(3)−(5)：$A-B=250$。

② B50大卡，D150大卡。

③ C200大卡，E100大卡。

考场舞弊事件？

唉！又是一桩集体舞弊事件……
HOW博士，我遇到了一个难题，要麻烦你来我们学校一趟了。
没问题，我马上到！
我们学校这次期中考发生了严重舞弊案，想请博士帮忙调查。
先去你办公室说吧。
小事情，交给我就搞定了！
贵校的学生真杰出，全校大部分学生都考100分呀！
果然是集体舞弊案，我来看看考卷吧！
我先请出题的胡老师和涂老师过来。

(1) 26/65 =
(2) 16/64 =
(3) 19/95 =
(4) 49/98 =
(5) 13/325 =
(6) 83/332 =
请两位老师回想一下，在这段时间内，学生有没有偷看到试题的机会?
出题期间我们不能使用通信设备，只能待在宿舍。
也不能去其他地方，学校安排了专人帮我们打理日常生活。
我之前有帮几名学生做考前总复习。
这次考题是两班老师合出的，我出前3题，涂老师出后3题。
题目来自郝校长给的题库，出题期间才拿到，不可能事先泄题。
如果两人说的都是实话，她们根本没有机会泄题。
找同学来问问他们是如何做答的。

奇怪的约分法

考场疑似发生集体舞弊事件，胡老师和涂老师正接受调查。从出题到考试这段时间，两位老师都被要求待在宿舍，不准外出。题目有可能外泄吗？或就是学生们舞弊？

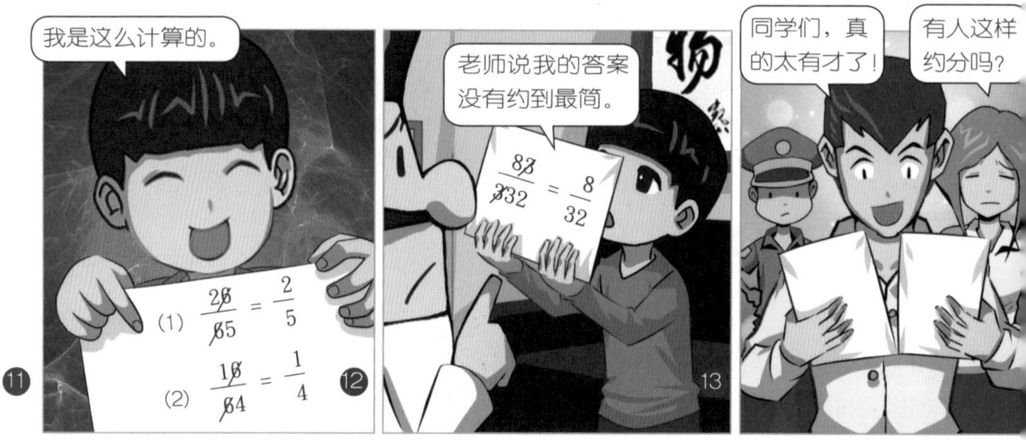
11
我是这么计算的。
(1) 26/65 = 2/5
(2) 16/64 = 1/4
12
老师说我的答案没有约到最简。
83/332 = 8/32
13
同学们，真的太有才了！
有人这样约分吗？

分数的分子和分母，同乘以一个数称作通分，同除一个数为约分。不论是通分还是约分，分数的值都不会改变。

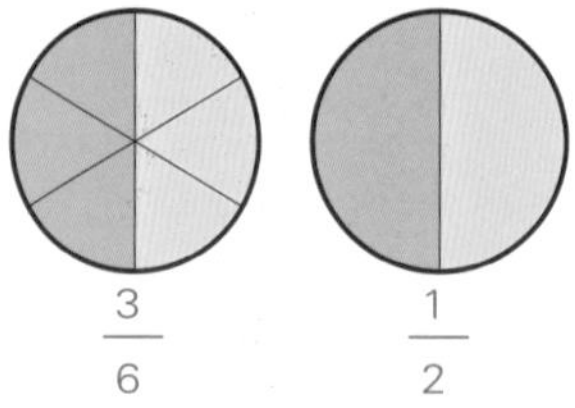
3/6
1/2

通分：

$$\frac{1}{2} \xrightarrow{\times 3} = \frac{3}{6}$$

约分：

$$\frac{3}{6} \xrightarrow{\div 3} = \frac{1}{2}$$

① 请算算看，以下题目约分约到最简，答案是多少？

(a) $\frac{19}{950}=$　(b) $\frac{484}{847}=$　(c) $\frac{266}{665}=$

② 承上题，把相同数字上下直接相消，得到的结果和上一题的答案有什么关系？

(a) $\frac{19}{950}=$（9 划去）　(b) $\frac{484}{847}=$　(c) $\frac{266}{665}=$

你们先算算两位老师出的题目，看看答案和我的一不一样。
(1) 20/65 = 2/5
(2) 16/64 = 1/4
(3) 19/95 = 1/5
(4) 49/98 = 4/8
(5) 13/325 = 1/25
(6) 88/832 = 8/32
第4题还可以继续约到1/2
第6题还可以继续约到1/4
答案一样呀！消除分子、分母相同的数字，就是正确答案？我的约分不是这么学的。
约分不能这么算啦！这6道题目设计过，碰巧能用这种方法得到正确答案，但算法还是错的。
哎呀！这是我和孙子一起玩的游戏题，竟然就拿给出题老师了。
我发现郝校长给的不是校方题库的题，是游戏题库的题。
白忙一场！根本没人泄题和舞弊，全因为校长太糊涂。

告诉你更多

这次的分数题目可以借助电脑运算，找出多个可能类似的分数。例如分子、分母都是两位数，则：

假设分子$x=10a+b$，分母$y=10b+c$，且a、b、c为正整数。

根据条件有$x/y=(10a+b)/(10b+c)=a/c$展开、整理后得到以下结果：$c=10ab/(9a+b)$。

接着，利用电脑，找出符合条件的a、b、c，就能设计多道题目了。用同样的方法，也可以设计分子是两位数、分母是三位数，分子是三位数、分母是三位数……的游戏。

值得注意的是，实际计算约分时，不能用这种方法，这是错误的！

解答：① (a) 19/950=19/(19×50)=1/50；(b) 484/847=4×121/(7×121)=4/7；(c) 266/665=2×133/(5×133)=2/5。
② 消掉的结果与正确答案一样。

拆解警长的纯金环

难得出差，竟然遇到暴雨，回不去了。
康旅社
康康旅社
灾情相当惨重，我们留下来救灾吧！预计要协助7天，这段时间大家就入住康康旅社吧。
目前的情况特殊，当天房钱当天付清。因为停电，只接受现金，不接受信用卡。一天3000元。
不能便宜些吗？
这个价格已经打过折了！

各位先把身上的钱掏出来，看一共有多少，回去后再还给大家。
所有现金加起来，只够吃三餐呀。
我好像看见警长刚买了纯金环，用那个垫房钱吧。
哇！警长是土豪！这里有7个纯金环，可以抵7天房费吧？
你会拆环吗？这个我会拆，拆一个工本费100元，7个全解掉是600元。
嗯，做工不错，每一个环值3000元，7个环一共可以抵7天房钱，我收下了。
我们不确定会住几天，一天只给一个环。
付了600元，饭钱就不够了。

纯金环怎么拆？

TOP警员们临时决定在外地救灾，由于大家身上现金不足，房钱得用纯金环垫付。警长怕老板娘私吞他的金环，希望一天付一个环。拆一个环工本费100元，最少要拆几个环，才能达到一天付一个环的目的？

7个环不用全拆掉。
那怎么付房费？
小小提示，环不要从最旁边拆，拆一个就行了。

7个环，从最旁边拆一个环，可以把环分成2组，即1个环和6个环。环数做加减，可以得出1、6、7（＝1＋6）三个数字。

① 7个环，如果拆从左边数的第2个，环会被分成几组，各几个环？

② 7个环，如果拆从左边数的第3个，环会被分成几组，各几个环？

③ 第①题与第②题中，由环数做不同加法时，哪一种拆法可以得出1、2、3、4、5、6、7这些答案？

拆掉从左边或右边数的第三个环。
这3组环数利用加法，可以得出数字1～7。
天数 环数
第一天 1
第二天 2
第三天 1+2
第四天 4
第五天 1+4
第六天 2+4
第七天 1+2+4
第二天取回1个环，换2个环给老板娘；第三天再把手上的1个环给老板娘，依此类推，付完7天房钱。
事情解决了！救灾去吧！
你们是来救灾的呀。早说嘛！住宿费免了，纯金环还你们吧。
环再帮我套回去吧。
行！装回去的工本费比较贵，要200元。

告诉你更多

这次游戏，只要知道拆最旁边的环，和拆中间任何一个环之间的差别即可。之后，再通过加法运算，便能找出最佳答案。若仔细观察拆出来的环数，会发现环数都是2的次方，$2^0=1$，$2^1=2$，$2^2=4$，这不是巧合，而是任何正整数都可以表示成2的次方相加。

解答：① 分成三组，环数分别是1、1、5。
② 分成三组，环数分别是2、1、4。
③ 拆第3个环。

真话、假话大测验

有人告发你们三兄弟故意来闹事，让餐厅无法营业。
我不服！
我记得小黑、小涉和小汇是结拜兄弟，三人只要聚一起，便会玩真话、假话游戏。
有一个人永远说真话，一个人永远说假话，还有一个人有时说真话、有时说假话。
真话？
假话？
亦真亦假？
小汇
小涉
小黑
显而易见的题目，三个人都只说真话啦！例如：我帅不帅？
帅！

你好自恋……关键是三个人谁说真话？谁说假话？
看我的，只要问三个问题，便能搞定。
你们三个人坐一排，以下问题只能回答老实人、骗子和不一定老兄这三种答案中的一个。
谁坐在你旁边？
老实人。
你是谁？
不一定老兄。
谁坐在你旁边？
骗子。

谁的话能信？

有人到山贼餐厅闹事，警察想通过小黑、小涉和小汇找出幕后指使者。三人一个永远说真话，一个永远说假话，一个有时说真话、有时说假话。HOW博士设计了三个问题问他们，结果得出不同答案。

三个人的答案由左至右是老实人、不一定老兄和骗子。
12
三人三种答案，还是不知道谁是谁呀？
13

假设老实人以“T”表示，骗子以“L”表示，不一定老兄以“U”表示。

① 小涉说自己是不一定老兄，请问，他最不可能是T、L、U之中的哪一个？

② 根据上题的答案，中间坐的是T、L、U之中的哪一个？

③ 根据上题的答案，老实人是谁？

三个问题都是问小涉说话的可信度，最后由三人的答案判断每位说话的真假。
14
中间那位不会是老实人，所以顺序出来了。
15
显而易见的答案，只说真话。先问热身题，山贼老板帅不帅？
16
丑！
丑！
丑！
17
谁趁我不在，说我坏话！像我这种会炒菜的型男，只能用万人迷来形容……
18
别理他！我们办案吧！
19

告诉你更多

这次游戏还可以用表格分析。三个人坐一排，座位顺序有6种可能，依序是TLU、TUL、LTU、LUT、UTL、ULT。

根据不同的座位顺序，老实人回答博士的三个问题，答案如下：老实人的答案固定，三人的答案由左而右是T、U、L。对照表格，只有最后一种座位顺序符合三人的回答。想想看，为什么？

提示：将三人的回答（T、U、L）与老实人的回答相比较。

座位顺序	左	中	右
T L U	L		
T U L	U		
L T U		T	
L U T			U
U T L		T	
U LT			L

解答：① T老实人。 ② L骗子，因为小黑或小汇中的一位是老实人，有一个人说真话。 ③ 小汇。

寻找失窃的宝石帽

富翁邀请6名智商指数为180的客人到岛上做客。隔天早上，管家发现富翁和客人全都昏倒在地。
1
昨天富翁带着大家玩了帽子游戏，游戏里的宝石帽全不见了。
2
什么帽子游戏？
游戏期间我站在门外，但仍听得到里面的声音，当时的情形是……
你们戴的帽子各镶有一颗红宝石或蓝宝石。大家不能偷看自己帽子上宝石的颜色。
3

这里至少有一个人的帽子上镶着蓝宝石。知道自己帽子上宝石颜色的人请举手！
4
没人举手。我再问一次，知道自己帽子宝石颜色的人请举手。
5
这次有两人举手。我再问一次，知道自己帽子上宝石颜色的人请举手。
6
富翁问到第三次，大家全举手了。之后富翁叫所有佣人去休息，不要打扰宾客。
7
昨晚刮大风、下大雨，船不可能离开小岛，凶手和帽子一定都还在古堡里。
8
在两名佣人的置物柜里分别搜到6顶帽子。
9

失窃案背后的秘密

富翁和宾客玩帽子游戏，游戏结束后，他们全被药迷昏，镶宝石的帽子也都不见了。警员找到12顶帽子，哪6顶是游戏中的帽子呢？

我不知道帽子怎么会在这儿，昨天我被反锁在酒窖了。
那是宾客请我代为保管的东西，我不知道是什么。
伤脑筋，不知道失窃的镶着红、蓝宝石的帽子各有几顶。

① 假如只有一个人戴镶着蓝宝石的帽子，富翁第一次问“谁知道自己帽子的宝石颜色”时，这些智商指数为180、戴镶着蓝宝石帽子的宾客会举手吗？

② 承上题，假如共有两人戴着镶蓝宝石的帽子，这两位宾客都只看到一颗蓝宝石。当富翁第一次问“谁知道自己帽子的宝石颜色”，这两位戴镶着蓝宝石帽子的宾客会举手吗？

③ 承上题，假如富翁第一次问的时候，两人都没举手，问第二次时，这两人会举手吗？

富翁问第一次时没人举手，表示至少有2顶帽子镶蓝宝石。
戴镶蓝宝石帽子的人只看到一人有蓝宝石，所以问第二次时，两人都举手了。
其他人见两位镶蓝宝石的人举手，也知道自己帽子上宝石的颜色了。
2蓝4红，男佣人是盗贼吧？
书房的垃圾桶找到写有盗窃宝石帽计划的笔记本。
这里有份如果宝石帽失窃将获赔1000万元的保单。
原来是富翁搞的鬼，想借机敲诈保险金。
你们抓到盗贼了吗？
你不是昏倒了？怎么知道有失窃案？全是你自导自演的吧！

告诉你更多

红、蓝宝石帽游戏中，如果增加到三人的帽子镶蓝宝石，则富翁问到第几次时，才有人举手？按漫画中的推理方式，戴镶蓝宝石帽的宾客，只看到两顶镶蓝宝石的帽子。问到第二次时，没有人举手，则至少有三顶镶蓝宝石帽，所以到第三次，戴镶蓝宝石帽就知道自己的颜色，因此全举手了。

依此类推，镶蓝宝石帽增加到N顶时，富翁问到第N次时，戴镶蓝宝石帽的人会全举手；问$N+1$次时，其他人也都举手了。镶宝石的帽子游戏中的帽子可以全都镶同一颜色的宝石，所以即使看到其他人的帽子都镶着蓝宝石，也不能够确定自己的帽子就是镶红宝石的。

解答：① 会，因为他看到的全是镶红宝石的帽子。 ② 不会。 ③ 会。

继承遗产好苦恼

富翁的遗嘱上说遗产分成两份：一份由儿子大宝继承，另一份捐给孤儿院。捐多少，由大宝决定。
我捐百万分之一。
游戏规则不是这样。首先你要决定如何排列2、3、5、8四个数字。
假如我说3528呢？我是说假如。
接着我会对3528乘上任何一个正整数，假设是7。
乘什么数字由你决定吗？
对，乘好的结果再加上100，最后将所得数字除以3，得到的余数再除以3，就是大宝拿到的遗产比例，剩下的捐给孤儿院。
（3528×7+100）÷3 ……
余数÷3=大宝的财产比例
⇒大宝得找出（□□□□×N+100）÷3
的最大余数值
其中
□□□□：2、3、5、8 四个数字随意排列
N：正整数
这太复杂了，我得好好想想……

为了找出最大余数值，大宝周游世界，求助专家。
半年过去了，大宝还没解出答案……
捐款处理了吗？
在等大宝，我找HOW博士想想办法。
博士，大宝没回复，这笔钱就没办法捐出去，该怎么办？
看这遗嘱……我想这富翁一定很喜欢捉弄人。

最大余数值

富翁出了道数学题，将遗产分成两部分：一部分捐给孤儿院，另一部分由儿子大宝继承。大宝希望得到最多遗产，该怎么排列2、3、5、8这四个数字呢？

您怎么知道富翁爱捉弄人？
11
不管大宝如何排列，结果都与100÷3一样。
12

① 请将2、3、5、8四个数字相加，其结果是下面哪一个数的倍数？
(a) 3　(b) 5　(c) 7　(d) 11

② 承上题，请将2、3、5、8数字任意排成四位数，其结果全都是下面哪一个数的倍数？
(a) 2　(b) 3　(c) 5　(d) 7

③ 承上题，将你排列的四位数先加上100，再除以3，余数是多少？

假设四位数为3X，乘上正整数N，加100再除以3，可得：
(3XN＋100)÷3
＝(3XN＋99＋1)÷3
＝[3(XN＋33)＋1]÷3
＝3(XN＋33)……1
1÷3＝1/3
遗产的1/3由大宝继承，2/3捐出去。
终于能处理捐款了，发个信息给大宝。
律师
今天
你在哪里？不管你给出哪四位数，最后结果都一样。
那是多少？
回来再说吧。
我在非洲，马上订机票回去。
大宝要是知道只能拿1/3份财产后，肯定会疯狂烦我。我一定要先通知银行、信托公司处理捐款。
律师……我帮博士问，他可以拿多少佣金？
没钱……好啦，请你们吃大餐。

告诉你更多

一个数字中的每一位数的数字相加，得到的总和若是3的倍数，则该数一定能被3整除。以四位数为例，假设该数字为$abcd$：

$$
\begin{aligned}
abcd &= 1000\times a+100\times b+10\times c+d\\
&=(999\times a+a)+(99\times b+b)+(9\times c+c)+d\\
&=(999\times a+99\times b+9\times c)+(a+b+c+d)\\
&=3(333\times a+33\times b+3\times c)+(a+b+c+d)
\end{aligned}
$$

结论：如果$a+b+c+d$是3的倍数，则$abcd$必为3的倍数；若是9的倍数，则该数也一定是9的倍数。

答案：① (a)。 ② (b)。 ③ 1。

队伍的角力

下星期天金队和银队为了争第一，准备大闹一场，我好烦呀！
怎么回事？
铜队队长邀请金、银两队一起来庆生。
三队其乐融融不是很好吗？
才没有！听说金、银两队密谋斗争！
铜队这几年目中无人，宴会那天，得好好教训他们。
宴会中我们各派几个人挑衅铜队。
银队队长
金队队长

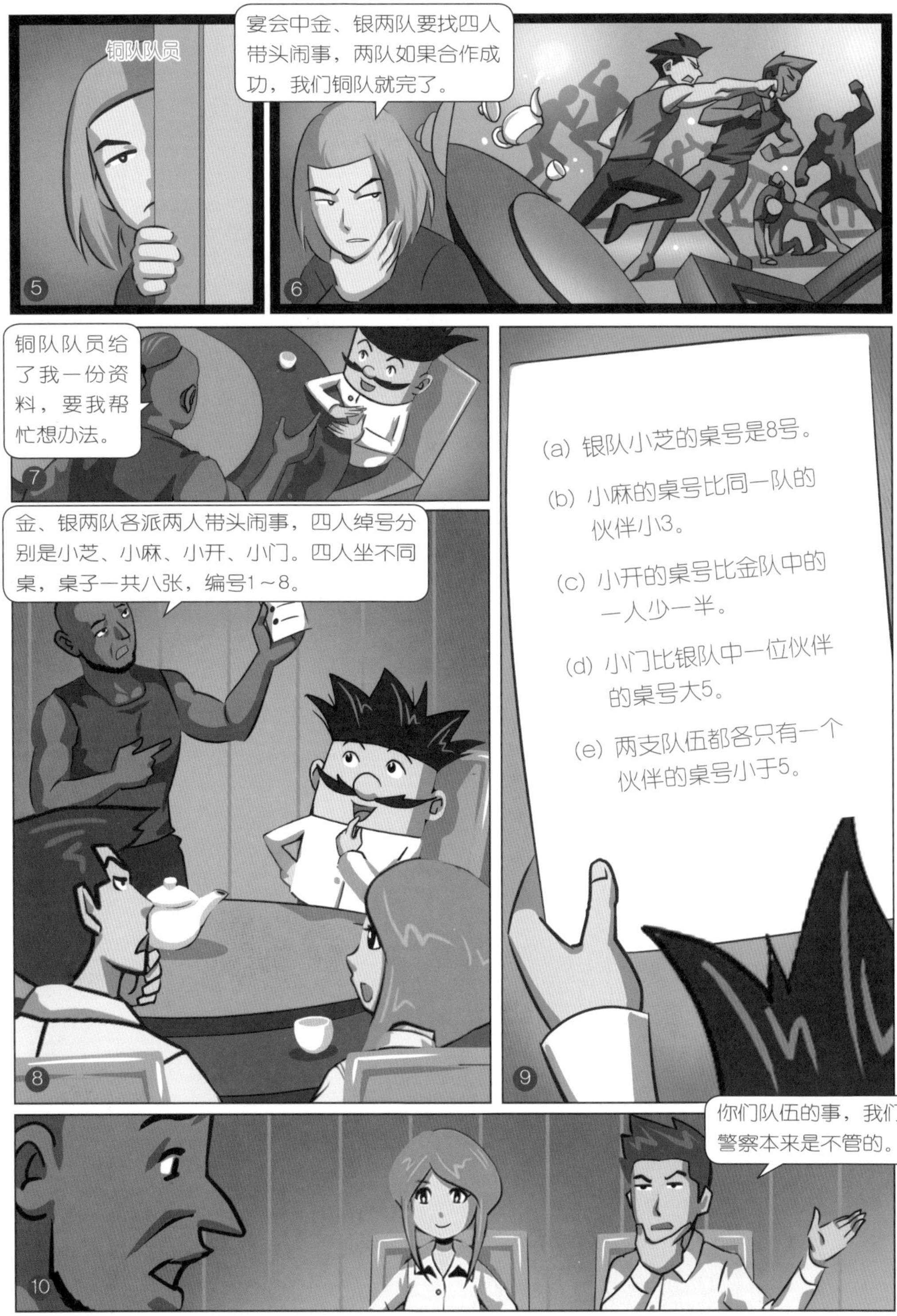
铜队队员
宴会中金、银两队要找四人带头闹事，两队如果合作成功，我们铜队就完了。
铜队队员给了我一份资料，要我帮忙想办法。
金、银两队各派两人带头闹事，四人绰号分别是小芝、小麻、小开、小门。四人坐不同桌，桌子一共八张，编号1～8。
(a) 银队小芝的桌号是8号。
(b) 小麻的桌号比同一队的伙伴小3。
(c) 小开的桌号比金队中的一人少一半。
(d) 小门比银队中一位伙伴的桌号大5。
(e) 两支队伍都各只有一个伙伴的桌号小于5。
你们队伍的事，我们警察本来是不管的。

他们坐在哪里?

山贼餐厅的老板透露，金队、银队为了争第一，准备在铜队举办的庆生宴上闹事。铜队队员找山贼帮忙，山贼又找警察帮忙，警察会帮这个忙吗?

只能帮你推算出四个人所属的队伍和桌号，其他的你们自己搞定。
11
有这些信息就行了，感恩！
12

① 请根据条件，将信息填入黄色空格。根据所填内容，请推出哪些桌号大于或等于5，哪些桌号小于5。

名字	小芝	小麻	小开	小门
桌号				
帮派				

② 承上题，小门是哪一个队伍？再根据条件(a)、(b)、(e)推测，小麻是哪一个队伍?

③ 小门不可能坐哪一桌?

(a) 7　　(b) 8

画个表格整理信息，比较好掌握资料。
算到小门的桌号就卡住了。
谢谢大家帮忙，请大家吃寿司！
如果小门的桌号＝6，根据条件(b)，
小麻的桌号＝6－3＝3。
根据条件(c)，小开的桌号是小门的一半，即3桌(不符合四人不同桌的设定)。
如果小门的桌号＝7，
则小麻的桌号＝7－3＝4。
根据条件(c)，小开的桌号是小麻的一半，即小开坐2桌。
小门坐7桌。
那四人的位置搞定没？搞不定你就别想去庆生宴白吃白喝。
白吃白喝？不是队伍斗争吗？
是山贼老板想去我们队的庆生宴打牙祭，但有四个人认识他，他得乔装，并且入座时，避开那四桌。

告诉你更多

推理题一般都要先分类整理信息，可用画表格、画树状图等方法。这次游戏是找出四人各属的队伍和桌号，因此做表格时，先写下四人的名字，再依条件填入已知的队伍和桌号。接着，依据其他条件填空，如表格中的蓝字；无法填空的部分，再靠推理及运算，便能得出答案了。

名字	小芝	小麻	小开	小门
桌号	8	4	2	7
队伍		金		金

解答：① 小芝、小门大于5；小麻、小开小于5。

名字	小芝	小麻	小开	小门
桌号	8			>5
队伍				

② 小门是金队，小麻也是金队。

③ (b)。

绑匪勒索事件

下班途中，王老板收到
绑匪的信息。
1
0900-000-000
你女儿在我手上，按以下条件准备金条赎人：
1. 把金条全数的一半，再加半根，装进红袋子，其余金条装进蓝袋子。
2. 取出红袋子金条数的一半，再减半根，装进绿袋子。
3. 最后，绿袋子中要有3根金条。
4. 报警或金条没有在期限内准备好，后果自负。
我会再联系你。
2
怎么办啊？ 先打电话问问警长吧……
3
喂，事情是这样的……总之你们先穿便服来我家吧！
收到！
4
5
6

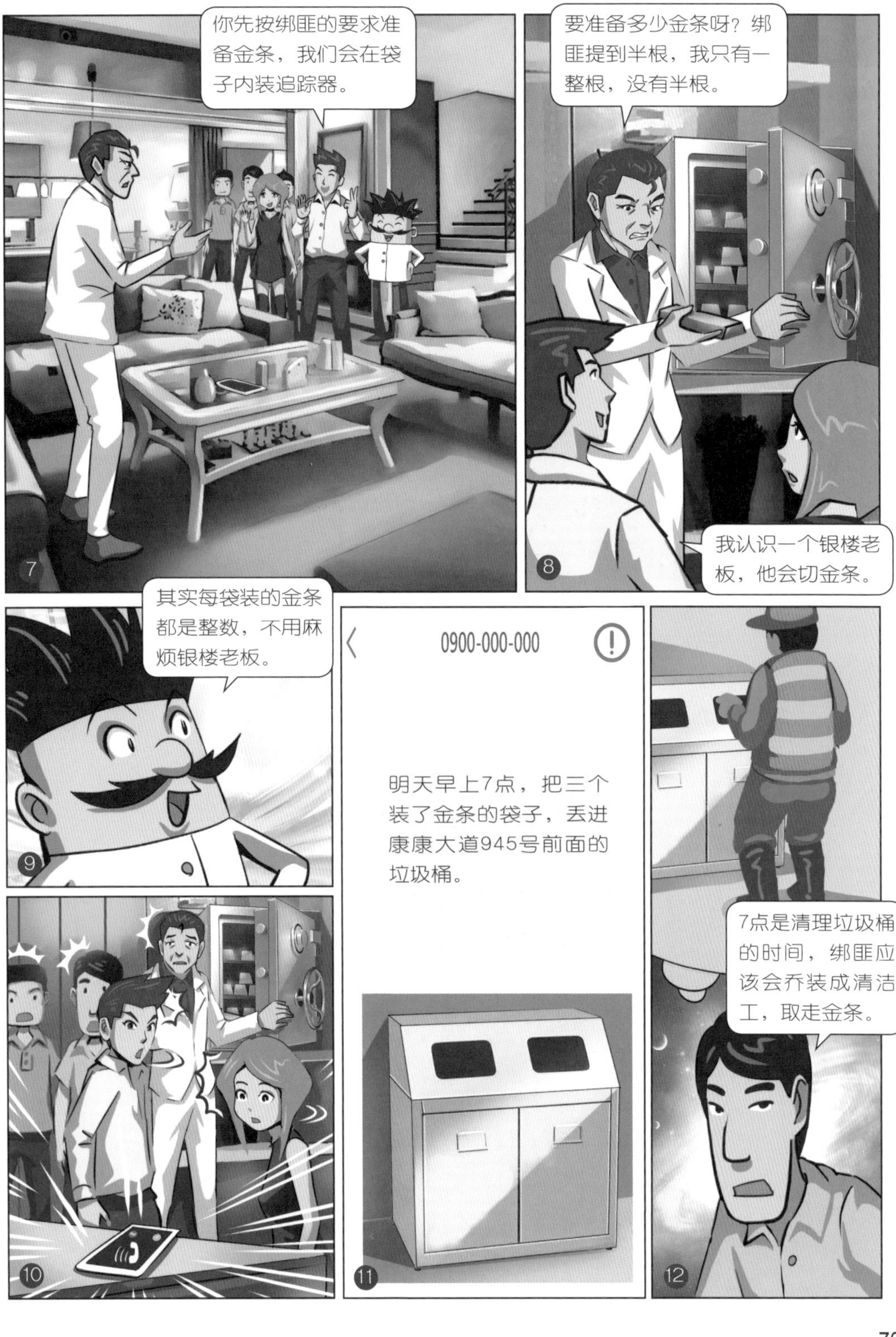
你先按绑匪的要求准备金条，我们会在袋子内装追踪器。
要准备多少金条呀？绑匪提到半根，我只有一整根，没有半根。
我认识一个银楼老板，他会切金条。
其实每袋装的金条都是整数，不用麻烦银楼老板。
0900-000-000
明天早上7点，把三个装了金条的袋子，丢进康康大道945号前面的垃圾桶。
7点是清理垃圾桶的时间，绑匪应该会乔装成清洁工，取走金条。

每袋装多少根金条？

王老板的女儿遭绑架，他准备用金条赎人。警员们忙着计算每个袋子的金条数目、装追踪器……最后，警员们能顺利救出王老板的女儿吗？

三种颜色的袋子准备好了，但不知每袋各装多少根金条？
13

从绿袋子推算红袋子的金条数，再由红袋子回推金条总数。
14

① 假设红袋子原本装X根金条（尚未取3根放入绿袋），下面哪一项式子等于3根金条？

(a) $\frac{X}{2}-1$　　(b) $X-\frac{1}{2}$　　(c) $\frac{X}{2}-\frac{1}{2}$

② 承上题，X等于多少？

③ 假设全部一共准备Y根金条，下面哪一项式子等于X？

(a) $\frac{Y}{2}+1$　　(b) $Y+\frac{1}{2}$　　(c) $\frac{Y}{2}+\frac{1}{2}$

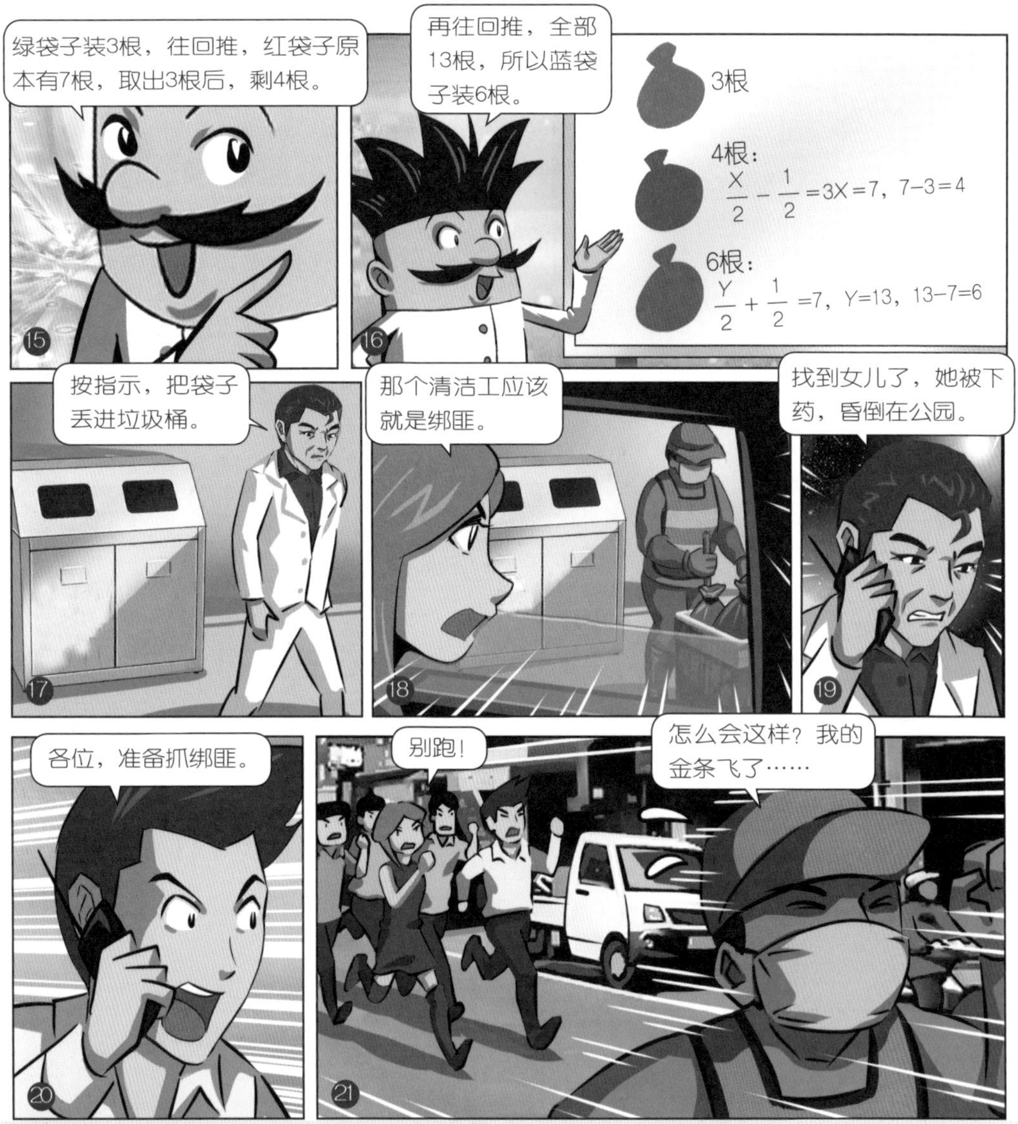
绿袋子装3根，往回推，红袋子原本有7根，取出3根后，剩4根。
再往回推，全部13根，所以蓝袋子装6根。
3根
4根：
X/2 − 1/2 =3X=7，7−3=4
6根：
Y/2 + 1/2 =7，Y=13，13−7=6
按指示，把袋子丢进垃圾桶。
那个清洁工应该就是绑匪。
找到女儿了，她被下药，昏倒在公园。
各位，准备抓绑匪。
别跑！
怎么会这样？我的金条飞了……

告诉你更多

“加一半、减一半”很容易令人以为金条总数或各袋子装的金条不是整数根，利用反推法，从结果一个个回推，便能发现加一半或减一半都是因为原来的数字是奇数；如果是偶数，要得到整数，完全不需要加、减$\frac{1}{2}$了。

解答：① (C)。 ② 7。 ③ (C)。

古堡中毒事件

TOP建设公司的老板林豪杰邀请朋友到古堡做客。当天晚上，客人黄先生被发现昏倒在浴室。
集合古堡内的所有人，我要一个一个单独审讯。
1
请你仔细描述这里刚刚发生了什么事。
男主人林豪杰
大家原本都待在休息室。黄先生大约九点离开休息室，之后就没回来了……
2
是我发现黄先生倒在地上，时间约是九点半。
3 张美丽，黄先生的同事。
我记得他喝了几杯饮料，会不会是中毒昏迷的？
4 王伟帅，林豪杰的大学同学，在机关单位工作。
我先生刚做过健康检查，身体很健康。
5 黄太太，黄先生的太太。

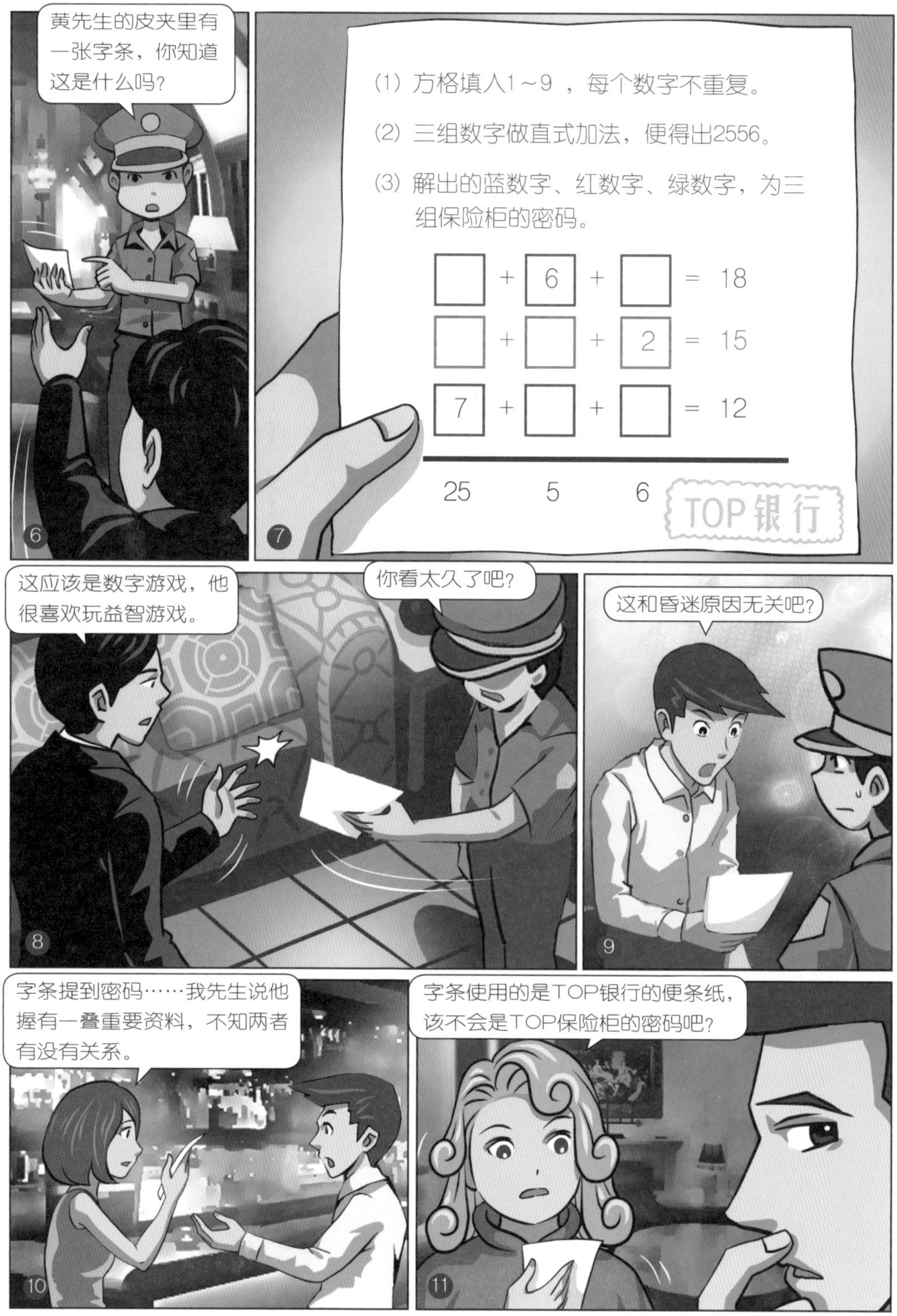

黄先生的皮夹里有一张字条，你知道这是什么吗？
(1) 方格填入1～9 ，每个数字不重复。
(2) 三组数字做直式加法，便得出2556。
(3) 解出的蓝数字、红数字、绿数字，为三组保险柜的密码。
□ + 6 + □ = 18
□ + □ + 2 = 15
7 + □ + □ = 12
25 5 6
TOP银行
这应该是数字游戏，他很喜欢玩益智游戏。
你看太久了吧？
这和昏迷原因无关吧？
字条提到密码……我先生说他握有一叠重要资料，不知两者有没有关系。
字条使用的是TOP银行的便条纸，该不会是TOP保险柜的密码吧？

三组数字藏了什么秘密?

黄先生入住古堡，当晚竟昏倒在地。古堡内有林豪杰、王伟帅、张美丽和黄太太。他究竟是被下药，或是生病昏迷?

只能先解密码，看看它能提供什么线索。
12

可以从直式算术入手，先解百位数字，再解个位数。
13

右边为三组数字做直式加法的表示法，请依据直式加法回答问题。

	□	6	□
	□	□	2
+	7	□	□
	25	5	6

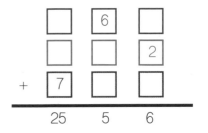

① 百位数总和为25，最左边的数字比较可能由下列哪三个数字组成?

(a) 5、8、7　　(b) 3、4、7　　(c) 9、8、7

② 个位数字和为6，根据第一题答案，三个数字相加比较可能是多少?

(a) 6　　(b) 16　　(c) 26

③ 承上题，最右边的个位数字由哪三个数字组成?

左边直排是9、8、7，右边直排是1、2、3组成，而从第一横排式子加法可以推出空格数字。
9 + 6 + 3 = 18
再填上数字8、1，中间直排的答案便知道了。马上请TOP银行协助调查。
6 + 6 + 6 = 18
8 + + 2 = 15
7 + + 1 = 12
黄先生在我们银行开了一个保险柜，需要三组电子密码。
里面是一叠资料……
这是官商勾结的资料呀！涉案人物有林豪杰、王伟帅……
他们嫌疑重大，先抓来问话吧。
是王伟帅下药的，是他拿有毒饮料给黄先生喝的。
人不是我迷昏的，是林豪杰下的毒。

告诉你更多

这次游戏的未知数只有6格，若9个格子全部空白，也能解出答案。分析方法同样是先做直式加法，得出百位数字和个位数字分别由9、8、7和1、2、3组成，再从第一排加法得出蓝组数字为9、6、3（9+6+3=18）；接着，红组数字只能取8、5、2，才符合式子8+5+2=15；最后，可以填绿格子里的数字了。

解答：① (c)。 ② (a)。 ③ 1、2、3。

折扣种类繁多，买礼物好纠结！

警长在烦恼什么呢？
哦，我想买帽子和玫瑰送太太，但不知道去哪儿买最划算。
哈哈，这我可以上网帮你查，我们女人对折扣最了解了。
买帽子问我就对了，我的帽子是在涛涛乐买的，现在特价，买一送一。
全系列 买1送1
2019 限定
YOHAA很便宜，第二顶帽子一折。
第2顶1折

加1元多1件
啊！蟹壳网还有加一元多一件的特价品！
折扣好混乱，我都快疯了。
先别管帽子了，我前几天有看到附近两家花店也在做促销哦。
花痴小铺正好做周年庆活动，现在买3朵玫瑰，送1朵同款玫瑰。
花痴小
花
康萱花店
康萱花店现在买2朵玫瑰，第2朵半价。
天啊！连花店折扣也不一样！
别纠结了，买特价品就算赚到啦！

怎么买，最便宜？

警长想送礼物给太太，又不想花太多钱，于是请同事们帮忙找折扣最大的店。然而，各家商店的销售策略都不一样，要怎么挑选呢？

先将商品定为100元，再计算折扣后要花多少钱。这样很容易将减价活动中的折扣算出来。
100
13
刚才经过超市，牛奶第二件6折，如果牛奶一件100元，第二件就是60元，平均每件80元，那就是打8折。
8折
14

某件商品100元，“打n折”表示价格为100×（n×10%）＝n×10元，故“打1折”，价格为100×10%＝10（元）；“打8折”为100×80%＝80（元）；折扣后60元是打6折……

① 100元的商品，“第二件打1折”，买两件一共多少元？每件平均多少元？

② 承上题，若促销活动为“加一元多一件”，则买两件，每件平均多少元？

③ 假设花痴小铺和康萱花店的玫瑰花每一朵都是100元，买4朵玫瑰分别要付多少钱？平均每朵多少元？

如果帽子一顶100元，买一送一，平均每件50元，就是打5折。
5折
售价用100元算，真的很容易算出折扣。
我把商店的折扣做成图表，这样就很清楚了。
五折
五五折
六折
六六折
七折
七五折
八折
八五折
九折
原价
买一送一
加一元多一件
第二件一折
买二送一
第二件五折或买三送一
第二件六折
第二件七折
扣除10%服务费
博士厉害！拍照发给我的好姐妹们。
去买花了！
紫玫瑰好大好漂亮，但是定价高，折扣再多，也还是贵。
周年庆就是要挑贵的！像紫玫瑰1朵30元，买3朵等于赚了30元；红玫瑰1朵10元，买3朵等于才赚了10元。
不管怎么样，花钱买浪漫就是值得！
别凑热闹了，你快去工作啦！

告诉你更多

为了吸引消费者，商家经常给出各种优惠方案。要知道商品优惠多少，最简单的方法便是将商品定为100元，看便宜多少，再求出折扣。但有些折扣并不固定，例如“满888减88”，不论买888元或1000元，都只能减88元。然而“满减”策略仍能算出最佳折扣，从而判断自己要不要买。以“满888减88”为例，可以将888转换成100元，将两个数字都乘上100/888，得出“满100减9.91”，换句话说100元商品付90.09元，最高折扣接近为9折。

解答：① 两件共110元，每件55元。 ② 两件共101元，平均每件50.5元。 ③ 都是300元，平均每朵75元。

藏在俄罗斯娃娃里的数字

警长快发奖金吧，我要拿奖金付餐费。
红包我准备好了，有五份。
我没有说要发奖金啊！你们从哪儿听来的谣言？
不是谣言哦，我有录像为证。
前一天……
耶！等了3年，他们终于赢球了！
警长支持的球队赢球真是太好了！
这就跟吃到小气警长请客的饭一样难得！
我才不小气呢！今天我请客。
警长好帅！
哇！警长请客，大家快点菜！
太棒了，我想点咖哩孔雀蛤和芙蓉蟹肉羹。

没问题，我中了头奖，不但要请客，还要分红给大家。
什么？再说一次！没听见！
我要是中了头奖，明天就包奖金给大家。
警长的一言一行都被录下来了。
君子一言，驷马难追，发就发吧！不过，你们得先解一道题目，解不出来，就别想拿奖金。
还要玩过关游戏，没诚意。
兵来将挡，水来土掩，说吧！
我有三个蓝衣服的俄罗斯娃娃（简称蓝娃），三个蓝娃里面各有三个黄衣服的俄罗斯娃娃，黄娃的衣服上有三朵小红花，每朵小红花上停了三只小蜜蜂。请在1分钟内回答以下问题：蓝娃个数＋黄娃个数＋红花个数＋蜜蜂个数＝？

与3有关的数字

为了拿警长发的“稀有”奖金，警员们埋头思考关于俄罗斯娃娃的数学题。时间一分一秒地过去了，谁能够拿到警长的奖金呢？

1分钟不够啦！
13
够、够、够，只要乘以3，就能得出结果。
14
喂，不能给提示，各凭本事写答案。
15

① 每个蓝娃内有3个黄娃，3个蓝娃内一共有几个黄娃？

② 每个黄娃上都有3朵小红花，根据上题的答案，全部的黄娃加起来，共有几朵红花？

③ 想想看，蜜蜂的个数应该为下列哪一个选项？

(a) 3　　(b) $3\times3\times3\times3$　　(c) $3\times3\times3\times3\times3$

谁能拿到奖金呢？
倒计时喽！3、2、1！
解出来喽！
我也是！
蓝娃+黄娃+红花+蜜蜂
=3+3×3+3×3×3+3×3×3×3
=3+9+27+81=120
蜜蜂
红花
蜜蜂
黄娃
红花
蜜蜂
红花
蓝娃
黄娃
蓝娃
黄娃
蓝娃
你们没作弊吧？怎么答案都是120。我算算看对不对。
3+3+…
警长，你慢慢算吧，奖金我们拿走了。
还我钱来！
一人只有168元呀。
这是好数字啊！一路发！

告诉你更多

这次的游戏源自古老的数学问题。在古埃及的文献里，便有这样一道数学题：

房子	7
猫	49
鼠	343
麦子	2401
量器	16807

文献上没有解释数字代表什么意思，后来人们发现数字可改写成下面的式子：

49=7×7

343=7×7×7

2401=7×7×7×7

16807=7×7×7×7×7

学者们猜想它的意思可能是：“有7间房子，每间房子有7只猫，每只猫抓7只老鼠，每只老鼠吃7穗大麦，每穗大麦种子可以长出7斗（量器）大麦。请计算房子、猫、老鼠、大麦和量器的总数。”

解答：① 9个。 ② 27朵。 ③ (b)。

谁偷走了蛋雕作品？

晚上，艺廊负责人发现蛋雕作品不见了。
咦！作品好像少了？展品清单也不见了，到底少了几件？
我为了省电费，关掉了监视器的电源。
没有破坏痕迹，像是内贼做的。
员工知道作品被偷吗？
不知道，晚上只有我在，我发现后就立刻报警了。
那你编个理由，让员工这两天别来上班。我们请山贼餐厅的老板打听，他人脉广。
两天后……
窃贼就是某位员工。每次上班，他只偷一件作品，如果艺廊没有统计数量，很难看出作品减少。

难怪我之前都没发现。
窃贼的休假和工作时间是有规律的。
情况(1)
A（窃贼）今天休假：
·如果A昨天工作，则A明天一定会休假。
·如果A昨天休假，则A前天一定在工作。
情况(2)
A今天工作：
·如果前两天都休假，则A明天一定工作。
·如果前两天都工作，则A明天一定休假！
谁来翻译这是什么意思？
简单来说，从情况(1)可以得出窃贼连休2天后工作。
A（窃贼）今天休假：
·如果A昨天工作，则A明天一定会休假。
⇒至少连休2天
·如果A昨天休假，则A前天一定在工作。
⇒只能连休2天
我这里有员工的值班表。
○：工作　×：休假
娄阿鼠

	日	一	二	三	四	五	六
上周	○	○	○	×	×	○	○
本周	○	×	×	○	○	○	×

鼓上蚤

	日	一	二	三	四	五	六
上周	×	×	○	○	○	○	×
本周	○	○	○	○	○	×	×

鬼脸儿

	日	一	二	三	四	五	六
上周	○	○	×	×	○	○	×
本周	×	○	○	×	×	○	○

蛋雕作品被谁偷走了？

展馆的蛋雕作品少了几件，负责人请警局帮忙抓内贼。娄阿鼠、鼓上蚤、鬼脸儿三人，谁最可能是窃贼？

把各种情况画成表格，也能清楚知道窃贼的值班时间。
13

最后比对值班表，就能知道作品少了几件。
14

① 从情况(2)，可以推出什么结果？

(a) 连续工作3天后休假。

(b) 连续工作4天后休假。

(c) 连续工作2天后休假。

② 将情况(1)、(2)整理成表格，可以得到右边的结果：

前天	昨天	今天	明天
	○	×	×
○	×	×	
×	×	○	○
○	○	○	×

假如窃贼前3天都在工作，接下来4天，应该怎么填？

日	一	二	三	四	五	六
○	○	○				

③ 承上题，假如窃贼前2天休假，接下来5天应该怎么填？

日	一	二	三	四	五	六
×	×					

小偷工作3天、休2天，是娄阿鼠偷的。
工作4天、休2天好像也对？
如果是工作4天，情况(2)第2条就会是：“如果前两天都工作，则A明天不一定休假！”
只有娄阿鼠的值班表比较符合情况。
去抓窃贼吧！
怪我大嘴巴，跟很多人讲我的计划。
作品呢？
就藏在大家福卖场的置物柜里。
置物柜号码同时是3、5、7的倍数，你们自己找吧。
这是公倍数题目，把3个质数相乘就是答案了！3×5×7=105。
105的倍数，如210、315也符合条件。
一定是105！那边的置物柜不到200个，我常去藏私房钱，呵呵呵……

告诉你更多

“如果……则……”在生活中，是很常见的逻辑思维，像“如果下雨，则操场被淋湿”这种表述法，可以用另一种否定句表达：“如果操场没有被淋湿，则没有下雨”，即否定后者，前者跟着否定。再举个例子：“如果明天是周日，就休假”可以说成：“如果明天没有休假，就不是周日”。但顺序反过来不成立：“如果没有下雨，则操场没有被淋湿”，因为操场可以被人为淋湿。

答案：① (a)。 ②

日	一	二	三	四	五	六
○	○	○	×	×	○	○

日	一	二	三	四	五	六
×	×	○	○	○	×	×

掏空钱包的扭蛋

警长，你已经扭很多扭蛋了，快回去！
没扭到隐藏版公仔，我不回去！
啊！又是超人！如果是隐藏版，可以卖到1万元啊！
上周我们这儿有顾客扭出一颗隐藏版公仔呢！
所以我才要在这儿赌一把。
这款扭蛋，你们进了多少颗？
一共600颗。
我带你去转运，沾点好运，再来扭。

有道理，我先行告退。
怎么来咖啡厅？
休息一下嘛！
根据我的情报，平均1000颗扭蛋，才会出现1颗隐藏版公仔。
已经有顾客扭到一颗隐藏版公仔了，警长扭到的概率很低。
可是……可是我已经扭了20颗，花了1000元，要放弃吗？
放弃就等于赔1000元，赌一把，或许能赚10000元。
如果是我，放弃。
到底该怎么办？

继续或放弃?

警长想要扭蛋里的隐藏版公仔，他花了1000元，全都扭到普通版的，该继续扭，还是选择放弃?

做决策，不能凭感觉，必须运用理性思维。
13
如果警长是理性的人，就不会来扭蛋了。
14

① 考试时，你花了5分钟算数学题，仍解不出来。这时你会怎么做?

(a) 继续解题，如果放弃，等于白花5分钟。

(b) 先做别的题目，因为再做下去，也不一定解得出来。

② 排队结账，过了一会儿，发现收银员是新手，工作效率极低，而且前面准备结账的人要购买很多商品；另一列队伍很长，但收银员动作熟练且快速。这时你会怎么做?

(a) 继续等候，已经排了这么久，现在转移，前面的时间就白白浪费了。

(b) 换收银台，虽然要从头排起，但收银员动作娴熟，很快会轮到自己。

③ 到电影院花钱买票看影片，看了一段时间，发现剧情离谱、难看，这时你会怎么做?

(a) 继续看，钱已经花了，不看浪费。

(b) 立刻走人，不要浪费时间。

你冷静想一下这个问题：
平均1000颗扭蛋会出现1颗隐藏版公仔，已知600颗扭蛋中，已经出现了1颗隐藏版公仔，你会花钱扭蛋吗？
老实说，不会！但是我心疼那1000元呀。
不管做什么决定，那1000元肯定是拿不回来了，这时候就不要纠结那些钱，直接放弃。
就像考试，不要想着已经花了5分钟解一道仍不会的题目，直接做下一道题。
这种拿不回来的钱或时间，叫作“沉没成本”。
快回警局吧，只剩副警长一人值班。
今天真幸运，午餐叫的外卖，竟附赠扭蛋，打开一看，是隐藏版公仔！
给我、给我！
网络价10000元，卖你9500元。
我已经“放血”1000元了，算便宜点啦！
9000，不能再低了。
*戏剧效果，请勿模仿。

告诉你更多

经济学上有一个“沉没成本的谬误”，是说人们在做决策时，不只看这件事带来的好处，同时会纠结于已经投入且不能回收的成本，从而做出不理性的选择。一个好的决策，应看即将发生的成本及带来的收益，而已经花的时间或金钱，不应该影响后来的决定。

解答：若都选(a)，便陷入沉没成本的谬误，选(b)比较符合经济学家的标准，纯粹是就事物的价值做选择。

谁是间谍?

机密文件不见了，快帮我调查谁是小偷，那份文件非常重要。
有发现可疑人物吗?
早上有五位陌生人进人公司大楼，可能是别家公司派来的间谍。
可能是一人作案，也可能是好几人合作作案……
总之，先找人问清楚状况。
这五个人是分开进来的，有两位是英国人，三位是美国人。

五位看起来是四男一女，其实是乔妆打扮过的。由证件知，有三位女性、两位男性。
我记得A跟D性别相同，C跟B性别不同。
A
B
D
C
B跟E国籍相同，D跟C国籍不同，而且有一名男生是英国籍。
有两位外国人在楼梯间交谈，听口音是英国腔，记得其中一位说了1314。
间谍肯定是他们，1314和失窃文件上的数字一样。
1314，一生一世？那是什么数字？
这不能说……拜托、拜托，快找出犯人呀！

寻找英国人

公司的机密文件不见了，两位英国人疑似是间谍，HOW博士能够顺利破案吗？ 1314又是什么特别的数字？

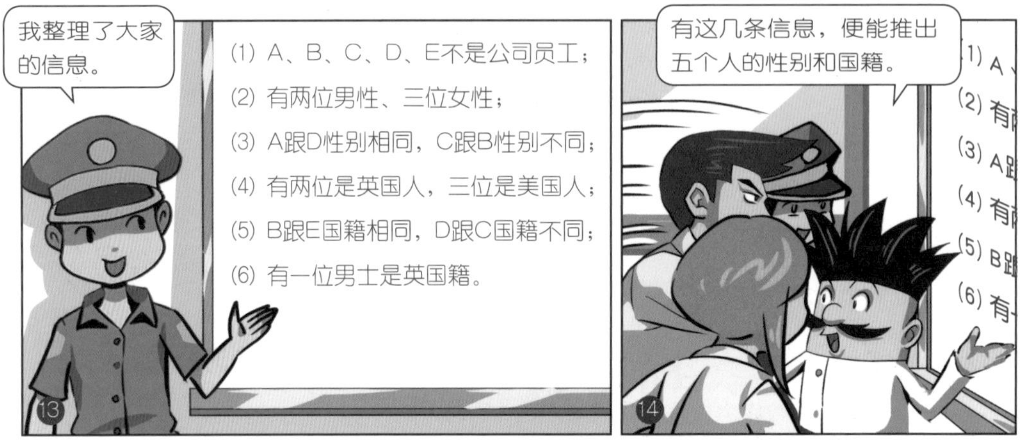
我整理了大家的信息。
(1) A、B、C、D、E不是公司员工；
(2) 有两位男性、三位女性；
(3) A跟D性别相同，C跟B性别不同；
(4) 有两位是英国人，三位是美国人；
(5) B跟E国籍相同，D跟C国籍不同；
(6) 有一位男士是英国籍。
13
有这几条信息，便能推出五个人的性别和国籍。
14

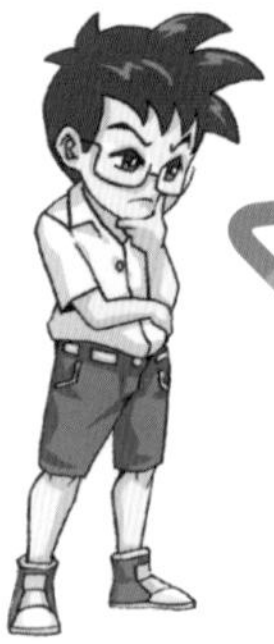

① 根据“A跟D性别相同，C跟B性别不同”，可以得出什么结论？

(a) A跟D是男性，E是女生
(b) ABC都是女性，E是男生
(c) A跟D是女性，E是男生

② 根据“B跟E国籍相同，D跟C国籍不同”，可以得出什么结论？

(a) C跟B是美国人，D是英国人
(b) B和E都是美国人，A是英国人
(c) B和E都是英国人，A是美国人

③ 承第①、第②题答案，根据“有一位男生是英国籍”，请推断五人中哪一位是英国籍男生。

(a) A　　(b) B　　(c) C

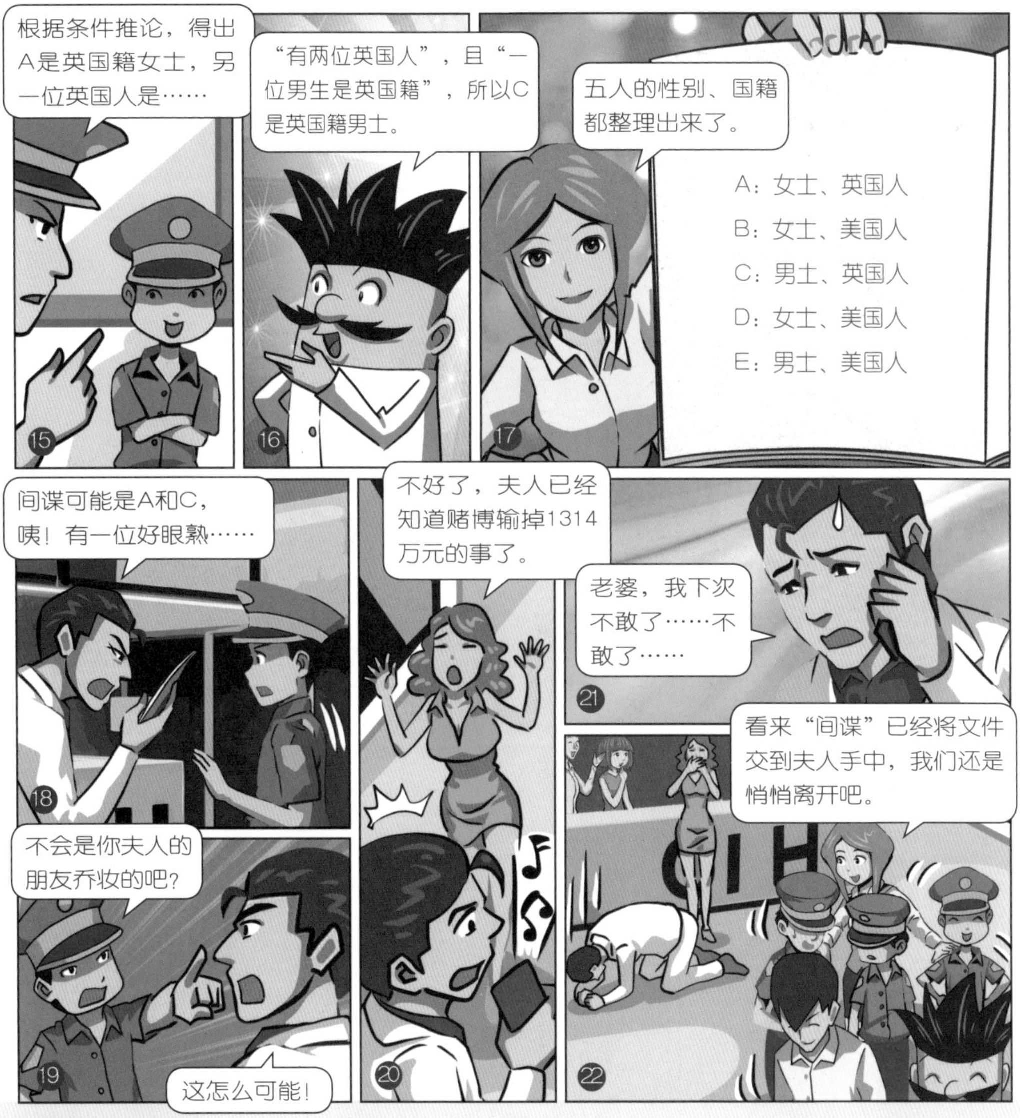
根据条件推论，得出A是英国籍女士，另一位英国人是……
“有两位英国人”，且“一位男生是英国籍”，所以C是英国籍男士。
五人的性别、国籍都整理出来了。
A：女士、英国人
B：女士、美国人
C：男士、英国人
D：女士、美国人
E：男士、美国人
间谍可能是A和C，咦！有一位好眼熟……
不会是你夫人的朋友乔妆的吧？
这怎么可能！
不好了，夫人已经知道赌博输掉1314万元的事了。
老婆，我下次不敢了……不敢了……
看来“间谍”已经将文件交到夫人手中，我们还是悄悄离开吧。

告诉你更多

本次游戏，有两组的推理条件是相同的，第一组是“三女两男”“A跟D性别相同，C跟B性别不同”，由这两个条件，可以得出A、D必为女性，若为男性，则由“C跟B性别不同”可得出男性至少有三名，与条件不符。同理，根据“三美两英”“B跟E国籍相同，D跟C国籍不同”，可得B、E必为美国人。

解答：① (c)。 ② (b)。
③ (c)，英国人只有两位，由于A女是英国人，故D女不可能为英国人，D、C国籍不同，所以C是英国籍男士。

继续竞价，还是喊停？

现在拍卖的东西比较特别，是100元钞票，10元起拍。
100元
哇，拍到赚到！
我一定要用低价抢到手。
拍卖规则跟往常不同，得标者和出第二高价的人，都要付喊价的钱。
例如A、B、C、D四人喊价，D中标，但C也要付钱。
A：20元
B：30元
C：50元，未得标，付50元。
D：55元得标，付55元，拿走100元。
同意游戏规则的，请喊价。
15元
25元
9
7

40元
45元
80元
90元
100元
110元
有没有人要追加？
100元
120元
130元
你不要做傻事了，它只是100元钞票。
140元
还有要加价的吗？
150元
警长是不是被催眠了？

谁是赢家？

100元钞票，10元起拍，警长想以低价拍到，却喊出超过票面价值的数字，这究竟是怎么一回事？

怎么阻止警长继续喊价？他太不理性了！
这两人会这样，是因为陷入拍卖困境。两人都不想出太多钱，于是越加越多。
13
14

① 其他竞标者在喊到80元时，假如警长让他中标，自己肯定亏70元，如果继续喊价到90元，并且中标，警长会从亏本转为赚多少元？

	警长	其他竞标者
喊价	70	80
中标者		中标
结果	亏70	赚20

② 其他竞标者喊到120元，且警长让他中标，警长会损失110元。假如警长喊价到130元，并且中标，警长亏损的金额是多少钱？大于110元吗？

	警长	其他竞标者
喊价	110	120
中标者		中标
结果	亏110	亏20

③ 竞标者都出现不理性喊价，最可能的原因是什么？

(a) 想在别人面前表现自己坚定的态度。

(b) 陷入拍卖困境，如果继续喊价，并且中标，则损失会因此减少。

别阻止我呀。
放弃喊价，虽然损失比较多钱，但是可以及时“止血”。
对方也希望将亏损的金额降到最低，所以不会立刻休战的。
都已经喊到这么高，现在放弃，我不甘心。
这种游戏该怎么玩，才不会吃亏呢？
一开始就不应该加入这场战局。
如果想加入，就第一个出价，并且喊出99元，一般人不会拿100元买100元钞票。
如果已经参与游戏，一定要设停损点。
这场游戏最赚钱的人是拿100元钞票出来拍卖的人。
210元
14
210元成交！

告诉你更多

这个游戏来自耶鲁大学舒比克教授提出的“1美元拍卖陷阱”。舒比克教授经常跟学生玩这个游戏，他拿出1美元让学生竞标，最后1美元往往会拍卖到20～66美元。这种看似不理性的举止，生活中并不少见，例如在选举中，A候选人原本只想拿10万元当竞选经费，但他发现B候选人拿15万元，A为了造势，增加预算至20万元；B看A拿20万元，也增加预算至25万元……于是两人越加越多，双方加到各自能承担的最高金额为止。又例如价格战，甲商人原本想按100元卖出某商品，看乙卖95元，于是自动降价至90元，乙见状，又降至85元……这些例子，都属于经济学上的“1美元拍卖陷阱”。

解答：①校长赚10元。 ②校长亏30元，亏损金额小于110元。 ③（b）。

骆驼商队的货物

TOP警员来到满是骆驼的城市考察。
生平第一次骑骆驼，真开心！前方有骆驼商队，去打招呼吧。
你们好。
我们不跟外地人打招呼，除非你们通过测验。
什么测验？
就是解一道题目。答对，做朋友；答错，会被扔到沙漠，自生自灭。
当我没跟你们说话，拜拜。
你走不了的，听我出题。

有3只骆驼，每只骆驼运送2个箱子，箱子里装着不同商品。
6个箱子6样商品，每样商品的件数不一定相同。
3只骆驼一共运送160件商品。饼干、软糖和巧克力的件数分别是10件、20件和30件。
洋芋片、玉米片、豆干分别搭配饼干、软糖和巧克力中的一项，而且数量分别是它们所搭配商品件数的1倍、2倍、3倍。
洋芋片和豆干的件数一样。请问饼干、软糖和巧克力的搭配商品各是什么？
HOW博士，拜托你了！解出答案，让你骑骆驼。

骆驼商人的问题

TOP警员到外地考察时，遇见骆驼商队。对方问3只骆驼各运了什么商品？答对了，便能做朋友；答错了，可能会被遗弃在沙漠里。

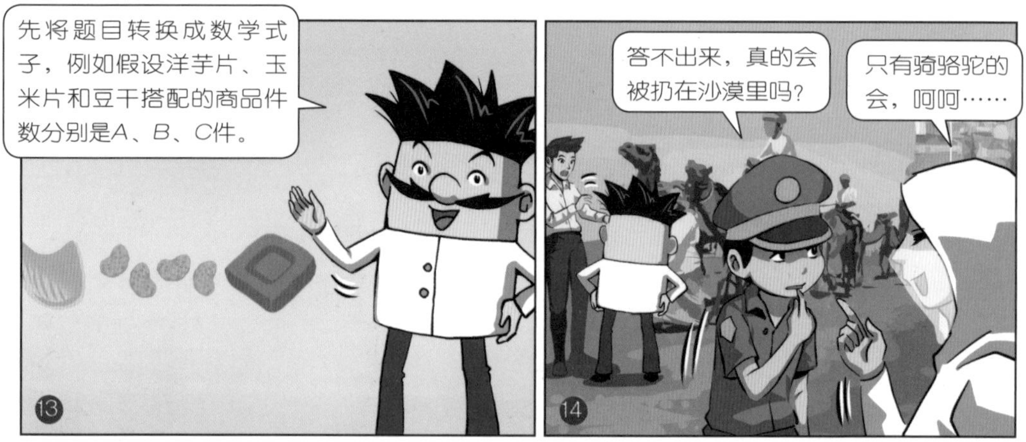
先将题目转换成数学式子，例如假设洋芋片、玉米片和豆干搭配的商品件数分别是A、B、C件。
13
答不出来，真的会被扔在沙漠里吗？
只有骑骆驼的会，呵呵……
14

① 假设洋芋片、玉米片和豆干搭配商品的件数分别是A、B、C件，A、B、C的值只能从10、20、30中选取，并且不能重复。依题意，下面哪一个式子正确？

（a）$A+B+C=160$

（b）$A+2B+3C=160$

（c）$(A+2B+3C)+(A+B+C)=160$

② 洋芋片和豆干的件数一样，也就是$A=3C$，想想看，10、20、30这三个数字，哪两个数字满足$A=3C$？A、C的值各是多少？

③ 承上题，洋芋片、玉米片和豆干各有几件？

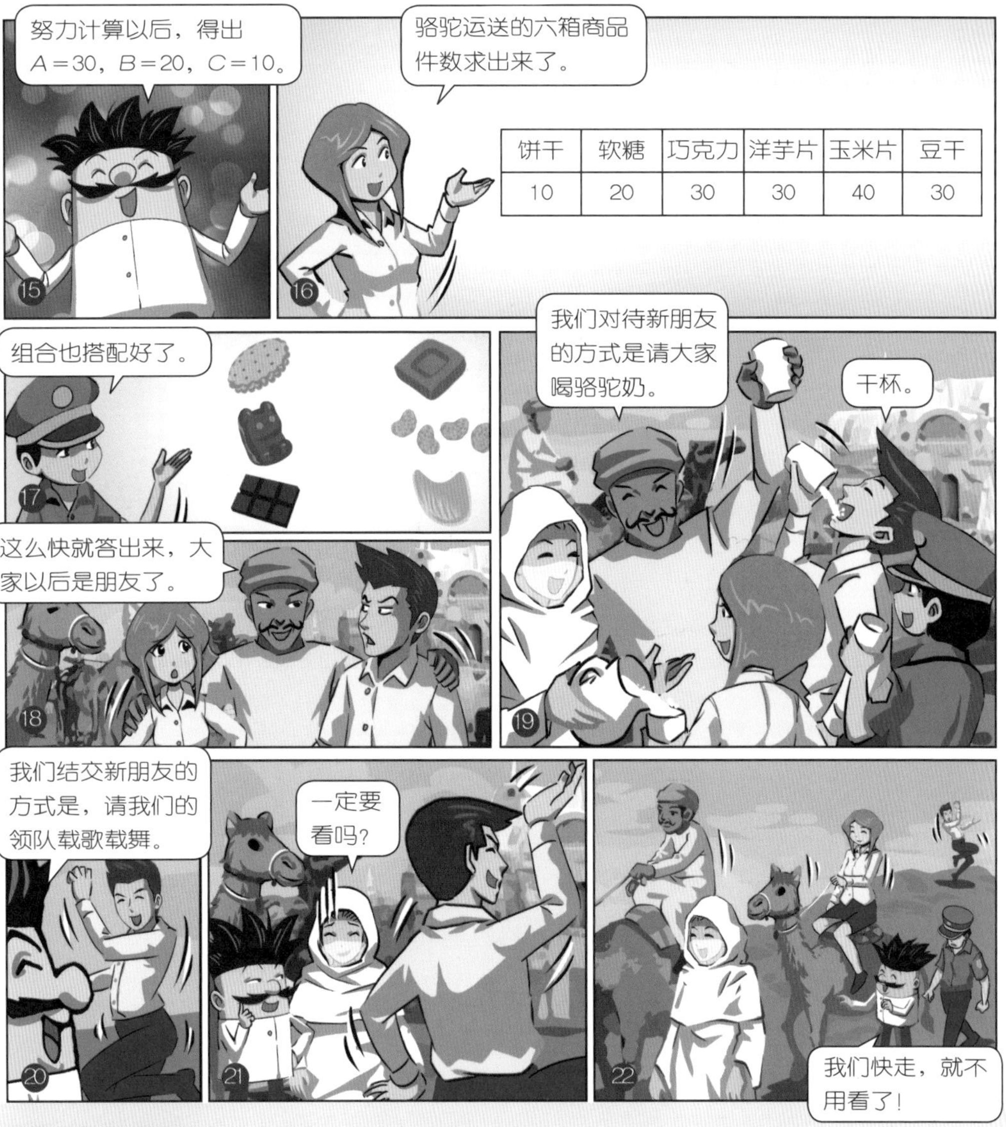
努力计算以后，得出
A＝30，B＝20，C＝10。
骆驼运送的六箱商品
件数求出来了。
组合也搭配好了。
这么快就答出来，大家以后是朋友了。
我们对待新朋友的方式是请大家喝骆驼奶。
干杯。
我们结交新朋友的方式是，请我们的领队载歌载舞。
一定要看吗？
我们快走，就不用看了！

饼干	软糖	巧克力	洋芋片	玉米片	豆干
10	20	30	30	40	30

告诉你更多

这次游戏用A、B、C分别代表饼干、软糖和巧克力的件数，这种用符号代表未知或已知的数字，在数学中很常见。而开始有系统地用符号表示未知或已知数，最早源自法国人韦达（F. Vieta）。这样做的好处是，让数学语言变得简单明了。例如下面的（甲）、（乙）两式，表达内容相同，但是（乙）式比（甲）式简明很多。

（甲）某个未知数加3减2加8等于100

（乙）$X+3-2+8=100$

解答：①（C）。②A＝30，C＝10。③洋芋片、玉米片和豆干各有30、40、30件。

安徽省版权局著作权合同登记号：第 12211989 号

图书在版编目（CIP）数据

数学小侦探．5，密室逃脱计划 / 杨嘉慧著；刘俊良绘．—合肥：中国科学技术大学出版社，2021.5
ISBN 978-7-312-05214-9

Ⅰ．数… Ⅱ．①杨… ②刘… Ⅲ．数学—少儿读物 Ⅳ．O1-49

中国版本图书馆 CIP 数据核字（2021）第 084444 号

数学小侦探 (5)：密室逃脱计划
SHUXUE XIAO ZHENTAN (5): MISHI TAOTUO JIHUA

出版 中国科学技术大学出版社
安徽省合肥市金寨路 96 号，230026
http://press.ustc.edu.cn
https://zgkxjsdxcbs.tmall.com
印刷 安徽国文彩印有限公司
发行 中国科学技术大学出版社
经销 全国新华书店
开本 710 mm×960 mm 1/16
印张 6.75
字数 85 千
版次 2021 年 5 月第 1 版
印次 2021 年 5 月第 1 次印刷
印数 1—3000 册
定价 42.00 元